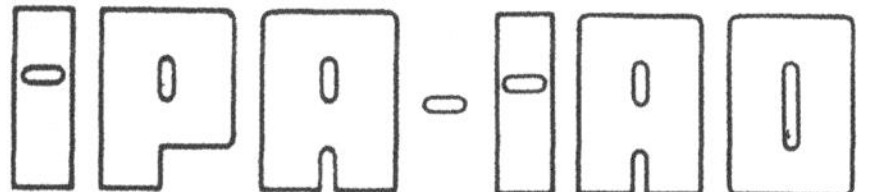

Forschung und Praxis

Band 138

Berichte aus dem
Fraunhofer-Institut für Produktionstechnik
und Automatisierung (IPA), Stuttgart,
Fraunhofer-Institut für Arbeitswirtschaft
und Organisation (IAO), Stuttgart, und
Institut für Industrielle Fertigung und
Fabrikbetrieb der Universität Stuttgart

Herausgeber: H. J. Warnecke und H.-J. Bullinger

Forschung und Praxis

Band 138

Berichte aus dem
Fraunhofer-Institut für Produktionstechnik
und Automatisierung (IPA), Stuttgart,
Fraunhofer-Institut für Arbeitswirtschaft
und Organisation (IAO), Stuttgart, und
Institut für Industrielle Fertigung und
Fabrikbetrieb der Universität Stuttgart

Herausgeber: H. J. Warnecke und H.-J. Bullinger

Dipl.-Ing. Rolf Herz

Fraunhofer-Institut für Produktionstechnik und Automatisierung (IPA), Stuttgart

Prof. Dr.-Ing. Dr. h. c. Dr.-Ing. E.h H. J. Warnecke

o. Professor an der Universität Stuttgart
Fraunhofer-Institut für Produktionstechnik und Automatisierung (IPA), Stuttgart

Dr.-Ing. habil. H.-J. Bullinger

o. Professor an der Universität Stuttgart
Fraunhofer-Institut für Arbeitswirtschaft und Organisation (IAO), Stuttgart

D 93

ISBN-13: 978-3-540-51457-2   e-ISBN-13: 978-3-642-83865-1
DOI: 10.1007/ 978-3-642-83865-1

Futuristische Bilder werden heute entworfen:

o Roboter bauen Roboter,

o Breitbandinformationssysteme transferieren riesige Datenmengen in
  Sekunden um die ganze Welt.

Von der "menschenleeren Fabrik" wird da gesprochen und vom "papierlo-
sen Büro". Wörtlich genommen muß man beides als Utopie bezeichnen,
aber der Entwicklungstrend geht sicher zur "automatischen Fertigung"
und zum "rechnerunterstützten Büro". Forschung bedarf der Perspektive,
Forschung benötigt aber auch die Rückkopplung zur Praxis - insbesondere im Bereich der Produktionstechnik und der Arbeitswissenschaft.

Für eine Industriegesellschaft hat die Produktionstechnik eine Schlüs-
selstellung. Mechanisierung und Automatisierung haben es uns in den
letzten Jahren erlaubt, die Produktivität unserer Wirtschaft ständig
zu verbessern. In der Vergangenheit stand dabei die Leistungssteigerung
einzelner Maschinen und Verfahren im Vordergrund. Heute wissen wir, daß
wir das Zusammenspiel der verschiedenen Unternehmensbereiche stärker
beachten müssen. In der Fertigung selbst konzipieren wir flexible Fer-
tigungssysteme, die viele verkettete Einzelmaschinen beinhalten. Dort,
wo es Produkt und Produktionsprogramm zulassen, denken wir intensiv
über die Verknüpfung von Konstruktion, Arbeitsvorbereitung, Fertigung
und Qualitätskontrolle nach. Rechnerunterstützte Informationssysteme
helfen dabei und sollen zum CIM (Computer Integrated Manufacturing)
führen und CAD (Computer Aided Design) und CAM (Computer Aided Manufacturing) vereinen. Auch die Büroarbeit wird neu durchdacht und mit
Hilfe vernetzter Computersysteme teilweise automatisiert und mit den
anderen Unternehmensfunktionen verbunden. Information ist zu einem
Produktionsfaktor geworden, und die Art und Weise, wie man damit umgeht,
wird mit über den Unternehmenserfolg entscheiden.

Der Erfolg in unseren Unternehmen hängt auch in der Zukunft entscheidend von den dort arbeitenden Menschen ab. Rationalisierung und Automatisierung müssen deshalb im Zusammenhang mit Fragen der Arbeitsgestal-
tung betrieben werden, unter Berücksichtigung der Bedürfnisse der Mitarbeiter und unter Beachtung der erforderlichen Qualifikationen. Investitionen in Maschinen und Anlagen müssen deshalb in der Produktion wie
im Büro durch Investitionen in die Qualifikation der Mitarbeiter be-
gleitet werden. Bereits im Planungsstadium müssen Technik, Organisation
und Soziales integrativ betrachtet und mit gleichrangigen Gestaltungs-
zielen belegt werden.

Von wissenschaftlicher Seite muß dieses Bemühen durch die Entwicklung
von Methoden und Vorgehensweisen zur systematischen Analyse und Ver-
besserung des Systems Produktionsbetrieb einschließlich der erforderlichen Dienstleistungsfunktionen unterstützt werden. Die Ingenieure
sind hier gefordert, in enger Zusammenarbeit mit anderen Disziplinen,
z. B. der Informatik, der Wirtschaftswissenschaften und der Arbeitswissenschaft, Lösungen zu erarbeiten, die den veränderten Randbedingungen
Rechnung tragen.

Beispielhaft sei hier an den großen Bereich der Informationsverarbei-
tung im Betrieb erinnert, der von der Angebotserstellung über Konstruktion und Arbeitsvorbereitung, bis hin zur Fertigungssteuerung und Qualitätskontrolle reicht. Beim Materialfluß geht es um die richtige Aus-

wahl und den Einsatz von Fördermitteln sowie Anordnung und Ausstattung
von Lagern. Große Aufmerksamkeit wird in nächster Zukunft auch der
weiteren Automatisierung der Handhabung von Werkstücken und Werkzeu-
gen sowie der Montage von Produkten geschenkt werden.

Von der Forschung muß in diesem Zusammenhang ein Beitrag zum Einsatz
fortschrittlicher intelligenter Computersysteme erfolgen. Planungs-
prozesse müssen durch Softwaresysteme unterstützt und Arbeitsbedingun-
gen wissenschaftlich analysiert und neu gestaltet werden.

Die von den Herausgebern geleiteten Institute, das

- Institut für Industrielle Fertigung und Fabrikbetrieb der Universität
  Stuttgart (IFF),

- Fraunhofer-Institut für Produktionstechnik und Automatisierung (IPA),

- Fraunhofer-Institut für Arbeitswirtschaft und Organisation (IAO)

arbeiten in grundlegender und angewandter Forschung intensiv an den
oben aufgezeigten Entwicklungen mit. Die Ausstattung der Labors und
die Qualifikation der Mitarbeiter haben bereits in der Vergangenheit
zu Forschungsergebnissen geführt, die für die Praxis von großem
Wert waren. Zur Umsetzung gewonnener Erkenntnisse wird die Schriftenreihe "IPA-IAO - Forschung und Praxis" herausgegeben. Der vorliegende
Band setzt diese Reihe fort. Eine Übersicht über bisher erschienene
Titel wird am Schluß dieses Buches gegeben.

Dem Verfasser sei für die geleistete Arbeit gedankt, dem Springer-
Verlag für die Aufnahme dieser Schriftenreihe in seine Angebotspa-
lette und der Druckerei für saubere und zügige Ausführung. Möge das
Buch von der Fachwelt gut aufgenommen werden.

                              H. J. Warnecke · H.-J. Bullinger

<u>Geleitwort der Herausgeber</u>

Inhaltsverzeichnis

Abkürzungen und Formelzeichen

a		Konstante
A	m^2	projizierende Fläche
A_{Fi}	m^2	effektive Filterfläche
A_{REM}	m^2	betrachtete Fläche unter REM
AES		Auger-Elektronen-Spektroskopie
b		Konstante
B	l^{-1}	Blindwert des Prüfstandes
$BI_{p,f}$		Brechungsindex von Partikel, Flüssigkeit
c_p	l^{-1}	Partikelkonzentration
c_g	l^{-1}	gemessene Partikelkonzentration
c_t	l^{-1}	tatsächliche Partikelkonzentration
cw		Widerstandsbeiwert
CF	%	95 %-Vertrauensbereich
CVD		Chemical Vapour Deposition (Beschichtungsverfahren)
d	m	Partikeldurchmesser
D	m	Rohrdurchmesser
Dp	m^{-2}	Partikeldichte auf Prüfmembran
DRAM		Dynamic Random Access Memory
EDX		energiedispersive Röntgenstrahlanalyse
f		Zahl der Freiheitsgrade
F_{Adh}	N	Gesamtadhäsionskraft

F_{dS}	N	elektrostatische Doppelschichtkraft
F_{eS}	N	elektrostatische Spiegelkraft
F_S	N	Schwerkraft
F_{vdW}	N	Van der Waals-Kraft
F_{vdW}^*	N	zusätzliche Van der Waals-Kraft auf verformte Teilchen
F_W	N	Widerstandskraft auf ein umströmtes Teilchen
g	m/s^2	Erdbeschleunigung
h	eV	Lifshitz-Van der Waals-Konstante
IK		Indexkontrast
I_S	m^2	Streulichtquerschnitt
MOS		Metal Oxid Semiconductor
MW		Molekulargewicht
N_g		gezählte Teilchenanzahl
N_L	cm^{-3}	Ladungskonzentration
N_P		Anzahl ausgespülter Partikel
N_t		tatsächliche Teilchenanzahl
n		Anzahl pro Stichprobe
PE		Polyethylen
PFA		Perfluoralkoxy
PP		Polypropylen
PTFE		Polytetrafluorethylen
PVC		Polyvinylchlorid
PVDF		Polyvinylidenfluorid

r	m	radialer Abstand von der Rohrachse
r^*	m	Auflageradius eines verformten Teilchens
R	m	Rohrradius
Re		Reynoldszahl
Re_D		Reynoldszahl der Rohrströmung
REM		Raster Elektronen Mikroskop
S		berechnete Standardabweichung aus Stichproben
SIMS		Sekundärionenmassenspektroskopie
SMIF		Standard Mechanical Interface
t_V	s	Verweilzeit
t_S	s	Spülzeit
t_{Fi}	s	Filtrationszeit
$t(\alpha/2)$		Schwellenwert der Student-t-Verteilung
T	K	Temperatur
v	m/s	Strömungsgeschwindigkeit
v_{Flam}	m/s	mittlere auf ein Teilchen auftreffende Strömungsgeschwindigkeit bei laminarer Rohrströmung
v_{Fturb}	m/s	mittlere auf eine Teilchen auftreffende Strömungsgeschwindigkeit bei turbulenter Rohrströmung
v_m	m/s	mittlere Strömungsgeschwindigkeit
v_{max}	m/s	maximale Strömungsgeschwindigkeit
$v(y)$	m/s	Strömungsgeschwindigkeit abhängig vom Wandabstand y
V_M	m^3	effektives Volumen einer Streulichtmeßzelle
$\dot{V}$	m^3/s	Volumenstrom

$\dot{V}_F$	m^3/s	Flüssigkeitsvolumenstrom
WDX		wellendispersive Röntgenstrahlanalyse
$\bar{x}$		Mittelwert einer Stichprobe
δ	m	Dicke der laminaren Unterschicht
ε		Genauigkeit im 95%-Vertrauensbereich
η_{Fi}		Filterabscheidegrad
η_z		Zählwirkungsgrad
λ	nm	Lichtwellenlänge
λ		Mittelwert und Varianz der Poisson-Verteilung
μ		Reibkoeffizient
μ		Mittelwert der Grundgesamtheit
ν	m^2/s	kinematische Viskosität
$\rho_{p,fl}$	kg/m^3	Dichte von Partikeln und Flüssigkeiten
σ		Standardabweichung der Grundgesamtheit

1 Einleitung

In verschiedenen Industriebereichen ist die Reinheit der Fertigungsumgebung einschließlich aller verwendeten Stoffe von entscheidender Bedeutung für die Fertigungsausbeute. Besonders Halbleiterbauelemente und die Prozesse zu deren Herstellung sind hochempfindlich gegen Kontamination durch Fremdstoffe /1,2,3/.

1.1 Problemstellung

Durch die immer weiter schrumpfenden Strukturgrößen in den Bauelementen steigt der Einfluß von partikulären Verunreinigungen auf Halbleitersubstraten und auf Masken für die lithographischen Prozesse. Feststoffteilchen verursachen Kurzschlüsse und Kontaktfehler zwischen Leiterbahnen (Bild 1.1), stören die Gitterstruktur und physikalischen Eigenschaften im Halbleitersubstrat und in abgeschiedenen Schichten, verfälschen Abbildungen bei Lithographieprozessen, verhindern Ätzprozesse etc. Diese Effekte können die Funktionstüchtigkeit der gefertigten Bauelemente von vornherein verhindern oder Zuverlässigkeit und Lebensdauer einschränken.

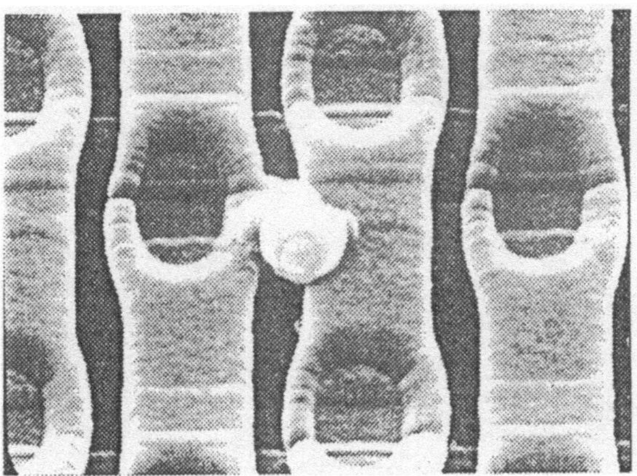

Bild 1.1:   "Tödliches" Partikel auf der Struktur eines Halbleiterbauelementes

Hinsichtlich der Schädlichkeit von Partikeln auf den Substraten bei der Herstellung von Halbleiterbauelementen ist neben der chemischen Zusammensetzung vor allem deren Größe ausschlaggebend. Als "tödliche" Partikel, die zu Defekten auf dem Substrat und damit zu Ausschuß in der Fertigung führen können, werden solche ab einem Durchmesser von 10 % bis 25 % der kleinsten Strukturgrößen auf den gefertigten Bauelementen angesehen /4,5,6/. Dies betrifft derzeit Partikel mit Durchmessern ab etwa 0,1 μm.

Hat sich ein Partikel auf der Substratoberfläche abgesetzt, so ist es äußerst schwierig, in vielen Fällen sogar unmöglich, es wieder zu entfernen. Auch mechanische Reinigungsverfahren unter Einsatz hoher Energie sind oft machtlos gegenüber Partikeln im Submikronbereich. Nach Bowling /7/ ist die Abreinigung von Partikeln $\leq$ 0,2 μm sogar unmöglich. Für eine gute Fertigungsausbeute ist es daher entscheidend, daß solche Partikel erst gar nicht auf die Substratoberfläche gelangen.

Kriterien Partikel- quellen	Filtra- tionsmög- lichkeit	zusätzliche Schutz- maßnahmen	Partikel- meß- technik	Kontaminations- problematik	
				derzeit	zukünftig
Umge- bungsluft	gut	möglich	gut	gelöst	gelöst
Personal	gut	möglich	gut	ungelöst	gelöst
Fertigungs- geräte	keine	möglich	gut	ungelöst	ungelöst
Gase	gut	nicht möglich	kritisch	gelöst	ungelöst
Flüssig- keiten	kritisch	nicht möglich	kritisch	ungelöst	ungelöst

Bild 1.2: Vergleich der Hauptpartikelquellen in der Halbleiterfertigung

Bild 1.2 enthält einen Vergleich der Hauptpartikelquellen in der Umgebung der Halbleiterfertigung. Die Partikelkontamination aus der Umgebungsluft ist heute gut beherrschbar. Durch turbulenzarme Verdrängungsströmung können zudem im Fertigungsbereich entstehende Partikel vom Substrat ferngehalten werden. Durch zunehmende Automatisierung im Reinraum und innerhalb der Fertigungsgeräte sowie den Einsatz lokaler Reinraumsysteme (z. B. SMIF-Konzept /9/) werden auch die Einflüsse von Personal und Fertigungsgeräten vermindert.

Flüssigkeiten sind von ihrer Herstellung her von vornherein stärker mit Partikeln belastet als Gase und aufgrund ihrer höheren Zähigkeit und der darin eingeschränkten Beweglichkeit der Teilchen schwerer filtrierbar. Außerdem sind der Partikelmeßtechnik in Flüssigkeiten deutlichere Grenzen gesetzt als der in Gasen.

Prozeßflüssigkeiten stellen daher die kritischste Quelle von Partikelkontamination in der Halbleiterfertigung dar. Bild 1.3 zeigt die Teilfunktionen der Flüssigkeitsversorgung von der Anlieferung in der Halbleiterfabrik bis zur Einspeisung in den Ort des Fertigungsprozesses.

Bei all diesen Funktionen kommen die Flüssigkeiten mit Rohrwandungen und anderen Komponenten in Berührung, von denen Partikeleintrag ausgehen kann. Zur Minimierung dieses Eintrages ist die Entwicklung von Prüfverfahren notwendig, die das Kontaminationsverhalten von Versorgungssystemen, den Partikeleintrag von Einzelkomponenten sowie die Partikelabscheidung durch Filter beurteilbar machen.

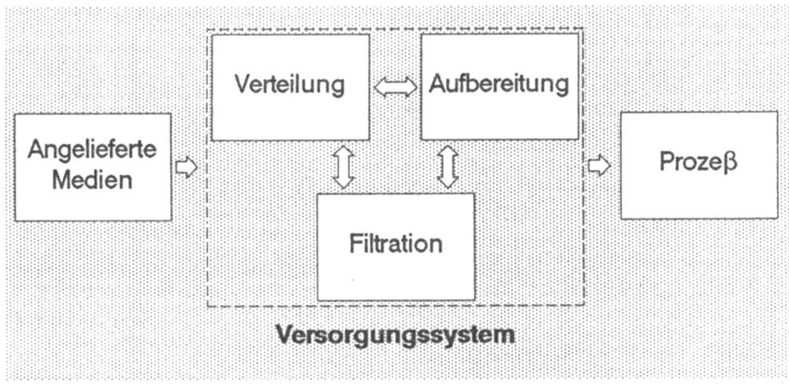

Bild 1.3:   Teilfunktionen der Flüssigkeitsversorgung in der Halbleiterfabrik

1.2   Zielsetzung und Vorgehensweise

Ziel der vorliegenden Arbeit ist es, eine Methodik für Kontaminationsuntersuchungen in Versorgungssystemen für hochreine Flüssigkeiten zu entwickeln und im praktischen Einsatz zu erproben. Mit der Entwicklung geeigneter Prüfverfahren soll das Kontaminationsverhalten von Systemen und Teilkomponenten zur Versorgung und Aufbereitung der Prozeßflüssigkeiten beurteilbar gemacht werden.

Voraussetzung dafür ist eine Analyse der möglichen Partikelquellen in der Flüssigkeitsversorgung sowie die Überprüfung und gezielte Applikation verfügbarer Meßmethoden. Damit wird die Konzeption entsprechender Prüfstände und -verfahren ermöglicht. Als Endergebnis gehen daraus Richtlinien für Kontaminationsprüfungen in der Flüssigkeitsversorgung hervor.

Als Ausgangsbasis für die notwendigen Entwicklungen wird zunächst der Stand der Technik sämtlicher relevanten Bereiche für die Flüssigkeitsversorgung der Halbleiterfertigung erarbeitet. Darauf baut die Analyse der möglichen Partikelquellen und der verfügbaren Partikelmeßtechnik auf. Gegenstand der Analyse sind die Mechanismen, die zu Partikeleintrag von Versorgungskomponenten in Flüssigkeiten führen sowie Möglichkeiten und Grenzen der Partikelmeßtechnik. Daraus werden die Anforderungen an die notwendigen Prüfverfahren von seiten der Prüfobjekte und der Meßtechnik abgeleitet. Diese bilden die Basis für die Konzeption der Prüfstände, die in praktischen Kontaminationsuntersuchungen erprobt werden. Die detaillierte Auswertung der Prüfergebnisse bildet dann die Basis für die Formulierung von Richtlinien zur Kontaminationsprüfung von Versorgungskomponenten für flüssige Prozeßmedien.

2 Stand der Technik

2.1 Flüssigkeiten in der Halbleiterfertigung

Im folgenden wird in der Gesamtheit der Halbleiterfertigungsprozesse speziell auf diejenigen eingegangen, in denen flüssige Prozeßmedien zum Einsatz kommen.

2.1.1 Fertigungsprozeß

Zum Aufbau der Halbleiterstruktur sind folgende Manipulationen nötig:

- Dotierung des Substrates (n und p)

- Aufbau von Schichten (Oxid, Metall etc.)

- Ausbildung geometrischer Strukturen in und auf Substrat und Schicht

Dazu stehen folgende Prozesse zur Verfügung:

- Diffusion

- Implantation

- Abscheideverfahren (CVD, Sputtern etc.)

- Oxidation

- Ätzen

- Lithographie

Die Scheibenfertigung besteht aus Kombinationen und Wiederholungen dieser Prozesse unter Einsatz unterschiedlicher Stoffe (Dotiergase, Metalle, Ätzchemikalien etc.) /2,11,12,13/. Ergänzend sind die Reinigung der Substrate sowie Meß- und Prüfvorgänge zwischen den Prozeßschritten notwendig. Die Fertigung eines Ein-Megabit-Speichers (DRAM) besteht aus ca. 280 einzelnen Prozeßschritten mit 15 Maskenebenen (Wiederholung des Lithographieprozesses).

2.1.2 Einsatz flüssiger Medien

Flüssige Prozeßmedien werden bei der Halbleiterfertigung in drei verschiedenen Prozeßgruppen eingesetzt, wie in Bild 2.1.1 gezeigt.

Prozeß‑gruppe	Einzel‑prozesse	Flüssigkeiten (Beispiele)	besondere Eigenschaften
Lithografie	Belacken	Fotolacke	explosiv / brennbar
	Entwickeln	org. Lösungs‑mittel	explosiv / brennbar
Ätzen	Si‑Ätzen	HF, HNO_3	ätzend
	SiO_2‑Ätzen	HF, NH_4F	ätzend
	Al‑Ätzen	H_3PO_4 / HNO_3	ätzend
	Fotolack‑Ätzen	H_2SO_4 / H_2O_2 $(NH_4)S_2O_8 / H_2SO_4$ Stripper auf Phenolbasis Aceton	ätzend ätzend explosiv / brennbar "
Reinigen	"RCA"	NH_4OH / H_2O_2 HCL / H_2O_2	ätzend ätzend
	"Caro'sche Säure"	H_2SO_4 / H_2O_2 $(NH_4)S_2O_8 / H_2SO_4$	ätzend ätzend

Bild 2.1.1: Beispiele für den Einsatz flüssiger Medien in der Halbleiterfertigung (/2,8,17,18/)

In der Lithographie wird eine lichtempfindliche Lackschicht auf dem Wafer über Masken selektiv belichtet und anschließend entwickelt /2,13,15/. Unter dem Oberbegriff "Naßprozesse" werden sämtliche übrigen Prozesse der Halbleiterfertigung zusammengefaßt, in denen flüssige Medien Verwendung finden. Etwa 20 % der Prozesse in der Halbleiterfertigung sind Naßprozesse /16/.

In den Ätz- wie auch den Reinigungsprozessen wird die jeweilige Flüssigkeit in direkten Kontakt mit dem Halbleitersubstrat gebracht. Dazu werden die Substrate in Becken eingetaucht oder mit der Flüssigkeit besprüht. Jedem einzelnen Naßprozeß folgt eine Substratspülung in deionisiertem Wasser.

2.1.3   Herstellung flüssiger Medien

Bei der Herstellung der Flüssigkeiten läßt sich zwischen Chemikalien und Wasser unterscheiden. Letzteres wird zu Reinstwasser aufbereitet. Reinstwasser ist ein

Oberbegriff für Wasser, das weitgehend frei von Fremdstoffen ist. Die entsprechenden Verunreinigungen werden sukzessive in verschiedenen Behandlungsschritten wie

- Enthärtung

- Aktivkohleadsorption

- Entgasung

- Entsalzung (Ionenaustausch, Umkehrosmose)

- Entkeimung

- Filtration

aus dem Rohwasser entfernt /19 ... 23/.

In Halbleiterfabriken erfolgt in der Regel zumindest die Rohwasseraufbereitung, oft auch die Hochreinigung, zentral. Je nach Größe der Fabrik, der Verbrauchsmenge an Reinstwasser und der notwendigen Reinheit gibt es dezentrale Einrichtungen zur Hochreinigung als Teil der Gesamtaufbereitung oder zusätzlich dazu. Solche "polishing stations" können Vollentsalzung, Membran- und z. B. auch Ultrafiltrationseinheiten beinhalten /20/.

Die Herstellung der Prozeßchemikalien für die Halbleiterfertigung und deren Aufbereitung auf die notwendigen Reinheiten und Konzentrationen erfolgt in Betrieben der chemischen Industrie. Die Verfahren zur Herstellung anorganischer Säuren basieren in der Regel auf der Lösung eines reaktiven Gases in Wasser. Basen entstehen beim Auslaugen entsprechender Alkali- oder Erdalkalimetalle. Organische Lösungsmittel sind Produkte der Petrochemie /24,25/.

Zur Isolierung der benötigten Stoffe aus Stoffgemischen in die gewünschte reine Form werden Trennverfahren eingesetzt wie /26/:

- Destillation

- Rektifikation

- Ab- und Adsorbtion

- Extraktion

Damit sind prinzipiell alle gewünschten Konzentrationen einstellbar. Die bestimmenden Faktoren sind Aufwand und Kosten.

2.1.4 Partikelkonzentrationen in Prozeßflüssigkeiten

In der heutigen Fertigung von Ein-Megabit-DRAMs können bereits Partikel ab einer Größe von 0,1 μm die Funktionsunfähigkeit von Bauelementen bewirken. Aufgrund der begrenzten Möglichkeiten der Meßtechnik in diesem Bereich werden in existierenden Standardisierungsvorschlägen und Regelwerken bisher nur Partikel bis 0,5 μm Durchmesser berücksichtigt. Bild 2.1.2 zeigt die maximale Partikelkonzentration entsprechend zweier Klassifizierungsvorschläge /28,29/ für Partikel, abhängig von ihrer Größe, in Chemikalien.

Die Steigung der Geraden (Exponent -2) geht auf Meßergebnisse von Dillenbeck /30/, Sielaff und Harder /28/ u. a. zurück. Diese Abhängigkeit wurde in gefilterten Flüssigkeiten für Partikel bis hinunter zu etwa 0,8 μm beobachtet.

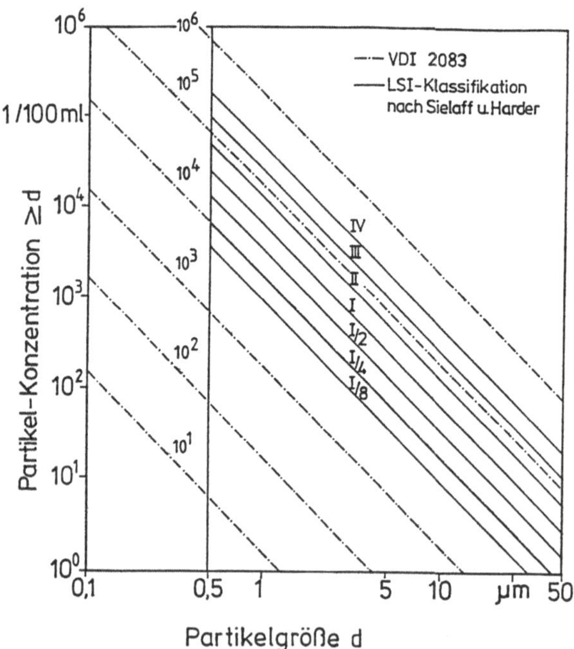

Bild 2.1.2: Chemikalien-Klassifikation nach Partikelkonzentrationen, Vorschläge von Sielaff und Harder /28/ und VDI 2083 /29/

Die tatsächlichen Partikelreinheiten der am Markt erhältlichen Prozeßchemikalien überdecken einen weiten Bereich. Eine Auswahl daraus ist in Bild 2.1.3. zusammengestellt. Sie wird ergänzt durch Meßwerte aus der Literatur (4,32,35...40).

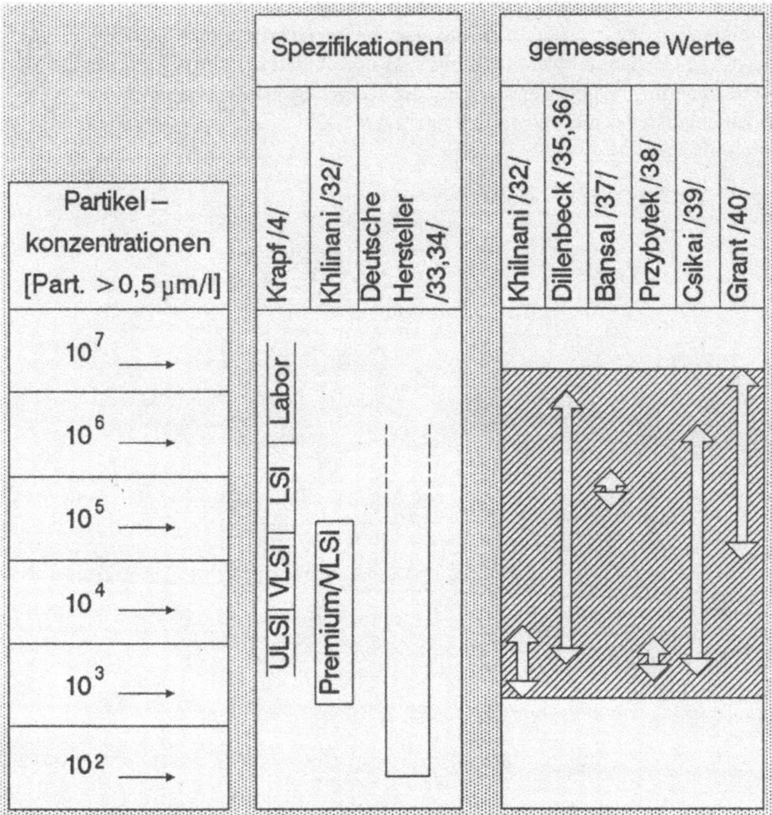

Bild 2.1.3: Spezifizierte und gemessene Partikelkonzentrationen in angelieferten Prozeßflüssigkeiten

2.2 Versorgung flüssiger Medien

Das Versorgungssystem stellt das Bindeglied zwischen der Herstellung und Aufbereitung der Prozeßflüssigkeiten und dem Halbleiterfertigungsprozeß, in dem sie benötigt werden, dar. Neben dessen Organisation und Konzeption sind hinsichtlich der Partikelkontamination vor allem die verwendeten Materialien von Bedeutung.

2.2.1 Versorgungskonzepte

Bis vor kurzem war die Anlieferung von Kleingebinden mit 2,5 Litern oder einer Gallone (3,875 Liter) Inhalt für sämtliche Chemikalien üblich /22/.

Für Chemikalien, die in größeren Mengen verarbeitet werden, geht der Trend neuerdings hin zu Großgebinden mit 100 bis 500 Litern Inhalt für Verpackung, Anlieferung und Lagerung. Diese werden meist im Recyclingverfahren genutzt und vom Chemikalienhersteller mehrfach wieder gefüllt /41,42/.

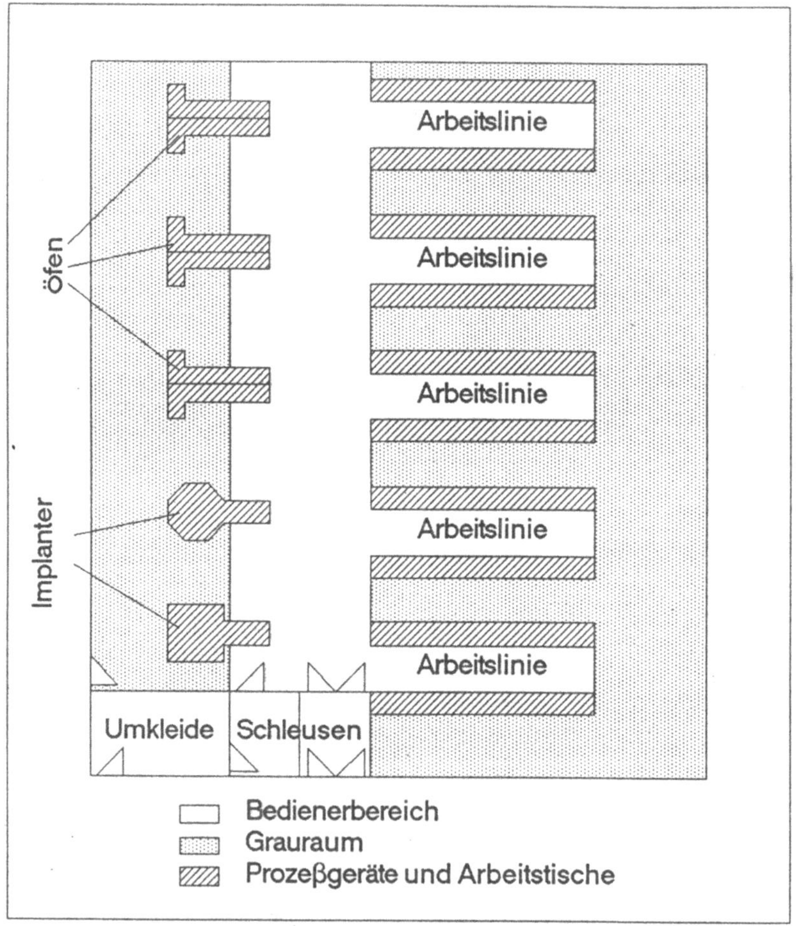

Bild 2.2.1: Typisches Layout einer Halbleiterfertigungslinie

Eine gewisse Vorratsmenge von jedem Stoff wird in der Halbleiterfabrik gelagert. Chemikalien-Großgebinde wie auch Vorratsbehälter in der Reinstwasserversorgung werden an ein zentrales Versorgungsnetz angeschlossen. Es wurden bereits Systeme entwickelt, in denen der Anschluß grundsätzlich in partikelarmer Reinraumumgebung erfolgt /41/.

Bild 2.2.1 zeigt ein typisches Layout einer heutigen Halbleiterfertigungslinie /44/. Ein wesentliches Merkmal ist die Aufteilung in Reinraum- und Grauraumbereiche. Die in Abschnitt 2.1 beschriebenen Naßprozesse, in denen Chemikalien benötigt werden, sind in der Regel in bestimmten "Reinraumtunneln" zusammengefaßt. Das gleiche gilt für Lithographieprozesse mit Fotolacken, Entwicklern etc. Reinstwasser wird meist im gesamten Fertigungsbereich benötigt.

Kleingebinde werden manuell über entsprechende Schleusen in den Reinraumbereich transportiert. Von Großgebinden oder Reinstwasservorratsbehältern aus werden die Flüssigkeiten über ein zentrales Rohrleitungsnetz in die Grauräume verteilt. Von dort aus erfolgt die Einspeisung in die Prozeßgeräte. Transportiert werden die Flüssigkeiten über Pumpen (meist Kreisel- oder Membranpumpen) oder eine Beaufschlagung der Zentralbehälter mit einem Gasdruckpolster (meist Stickstoff).

Für besonders aggressive und gefährliche Medien werden doppelwandige Rohre verwendet /41,43/. In den meisten Fällen folgt ein geräteinternes Versorgungssystem bis zum "point of use".

Besondere Anforderungen werden an die Versorgungssysteme für Reinstwasser gestellt. Das Wasser muß darin ständig fließen, um das Wachstum von Keimen zu verhindern. Solche Systeme werden daher als Rohrschleifen aufgebaut.

2.2.2 Filtration

Die Flüssigkeiten für die Halbleiterfertigung werden von ihrer Herstellung und Aufbereitung bis zum Halbleiterfertigungsprozeß meist mehrfach filtriert, wie in Bild 2.2.2 dargestellt.

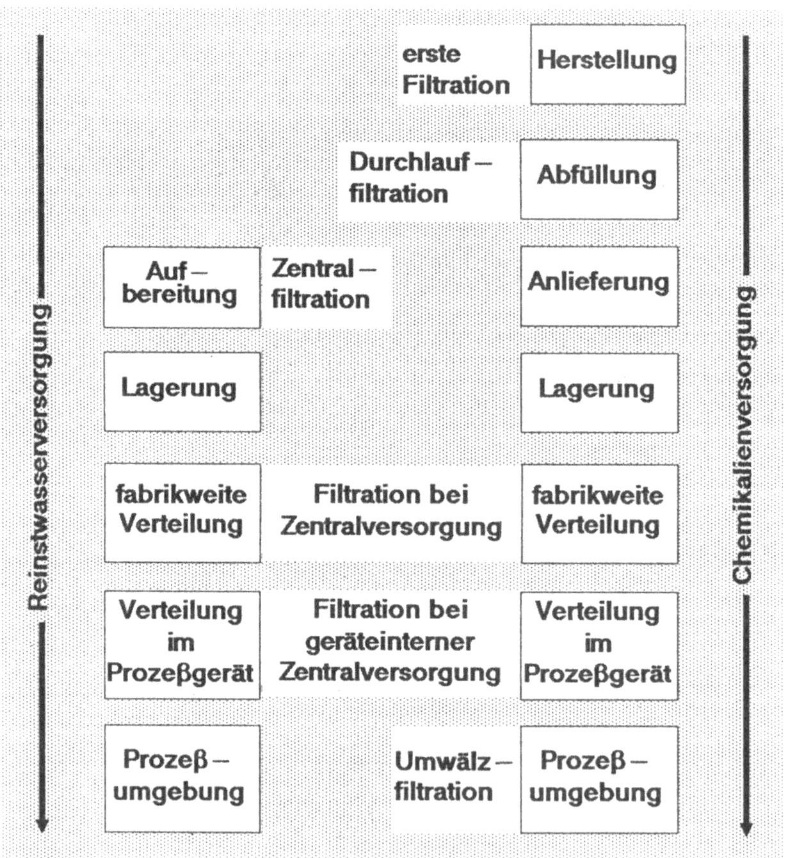

Bild 2.2.2:   Filtrationsstufen in der Flüssigmedienversorgung

Die meisten dieser Filtrationsstufen stellen Spezialfälle der Filtertechnik im herkömmlichen Sinne dar, gekennzeichnet durch:

- niedrige Eingangskonzentration an Feststoffpartikeln

- äußerst geringe zugelassene Ausgangskonzentration

- Partikel $< 1 \, \mu$m

- stark korrosive Flüssigkeiten

Außerdem dürfen die Flüssigkeiten während der Filtration nicht chemisch verunreinigt oder in ihrer molekularen Struktur verändert werden.

Damit Feststoffteilchen aus einem Flüssigkeitsstrom abgeschieden werden, müssen sie auf einer Feststoffoberfläche auftreffen und dort festgehalten werden. Hinsichtlich des Abscheidevorganges kann man die in Bild 2.2.3 dargestellten Mechanismen unterscheiden /45/. Aufgrund der hohen Viskosität von Flüssigkeiten ist darin die Diffusion von Partikeln wesentlich eingeschränkt und die Diffusionsabscheidung ohne Bedeutung. Die wirksamen Abscheidemechanismen sind Direkt- und Trägheitsabscheidung.

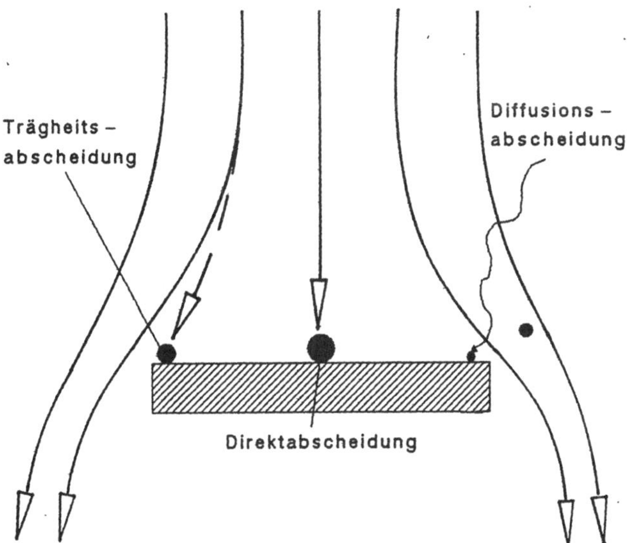

Bild 2.2.3:   Filterabscheidemechanismen

Sind die Teilchen aus dem Fluidstrom innerhalb des Filtermediums abgeschieden, so werden sie dort festgehalten durch:

- Schwerkraft, Trägheitskraft und Siebwirkung

- Van der Waals-Kräfte

- elektrostatische Kräfte

Für größere Partikel ist die Siebwirkung, für kleinere sind Van der Waals- und elektrostatische Kräfte (Adsorption) relevant.

Stand der Technik in der Feinstfiltration bilden Membranen mit einer angegebenen Abscheidegrenze von 0,2 μm. Die meisten Filtermaterialien sind mit dieser Spezifikation erhältlich. Speziell für die Filtration von Reinstwasser gibt es Filter mit 0,1 μm und 0,04 μm Abscheidegrenze. Ultrafiltrationsmembranen weisen Porengrößen bis 0,001 μm auf /48/. Damit ist die Abscheidung von Molekülen mit Molekulargewicht (MW) oberhalb 1000 möglich. Mit Umkehrosmosemembranen können Moleküle mit MW 100 abgeschieden werden.

2.2.3 Materialien

Hinsichtlich der Materialien, aus denen Behälter und Verrohrungssysteme für die Prozeßflüssigkeiten bestehen, muß grundsätzlich zwischen organischen und anorganischen Flüssigkeiten unterschieden werden. Für organische Flüssigkeiten werden in der Regel keine Kunststoffe (Polymere) eingesetzt, da durch statische Aufladungen Explosionsgefahr entstehen kann. Die in der Halbleitertechnologie eingesetzten anorganischen Flüssigkeiten einschließlich Reinstwasser sind oft so korrosiv, daß sie auch Edelstahl angreifen und durch die herausgelösten Ionen verunreinigt werden können.

In aller Regel werden deshalb

- Edelstahl für organische Lösungsmittel und

- Kunststoffe für Säuren, Basen und DI-Wasser

verwendet. Neben den herkömmlichen Kunststoffen, wie z. B.

- Polyethylen (PE)

- Polypropylen (PP)

- Polyvinylchlorid (PVC) etc.

finden sich in den heutigen Fertigungsbetrieben zunehmend fluorierte Polymere, welche eine höhere Resistenz gegen aggressive Chemikalien und Reinstwasser aufweisen /52,53/, wie

- Polytetrafluorethylen (PTFE)

- Polyvinylidenfluorid (PVDF)

- Perfluoralkoxy (PFA) etc.

Bild 2.2.4 enthält einige Beispiele für verwendete Filtermembranen. Hydrophobe Membranen müssen vor dem Einsatz in Wasser und wässrigen Lösungen mit einer organischen Flüssigkeit vorbenetzt werden. Speziell für die Filtration von Reinstwasser wurden Membranen mit elektrostatisch geladenen Oberflächen entwickelt /50/.

Membranmaterial	vorzugsweise zur Filtration von	Membran hydrophil/hydrophob
Zelluloseesther	Wasser wässrige Lösungen	hydrophil
Polyamid (Nylon)	Wasser wässrige Lösungen	hydrophil
Polycarbonat	Wasser	hydrophil
Polyvinylidenfluorid (PVDF)	Lösemittel, Lacke Säuren, Laugen	hydrophil/hydrophob
Polytetrafluorethylen (PTFE)	Lösemittel, Lacke Säuren, Laugen	hydrophob

Bild 2.2.4:   Anwendungsbeispiele für Filtermembranen

2.3 Partikelmeßtechnik in Flüssigkeiten

2.3.1 Meßmethoden

Zur Detektion von Partikeln unter einem Mikrometer Durchmesser werden in der Halbleiterfertigung zwei unterschiedliche Methoden angewendet:

- mikroskopische Auszählung und

- Streulichtpartikelzählung

Die Bestimmung von Partikelkonzentrationen durch mikroskopische Auszählverfahren setzt voraus, daß die in einem bestimmten Flüssigkeitsvolumen enthaltenen Partikel auf einer geeigneten Fläche gesammelt werden, auf der sie unter dem Mikroskop betrachtet werden können. Zur Auszählung der gesammelten Partikel kommen Licht- oder Rasterelektronenmikroskope infrage. Unter dem Rasterelektronenmikroskop (REM) sind nach /49/ theoretisch Teilchen bis 0,01 µm erkennbar.

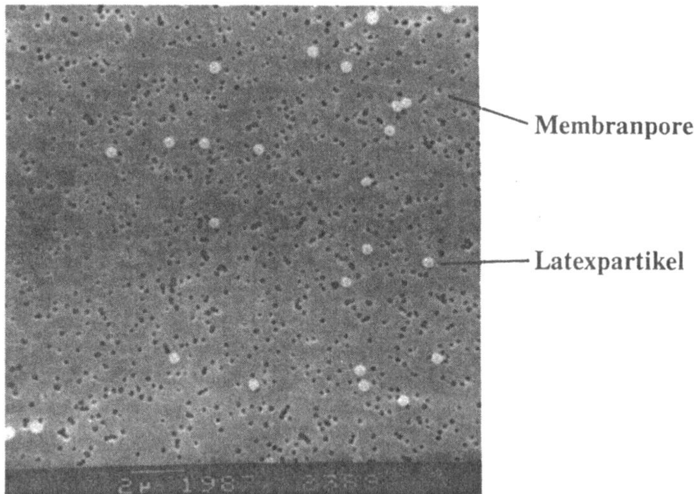

Bild 2.3.1:   Kernspur-Filtermembran mit 0,2 µm-Poren

Zum Sammeln der Partikel aus der Flüssigkeit werden Kernspurmembranen mit runden kapillarförmigen Poren aus unterschiedlichen Materialien verwendet (Bild 2.3.1) /56,57/. Es sind solche mit Porendurchmessern zwischen 0,01 µm und etwa 12 µm üblich.

Beim Streulichtverfahren wird das Meßvolumen, durch welches der zu untersuchende Flüssigkeitsstrom geleitet wird, von einem Laserstrahl beleuchtet. Jedes passierende Teilchen verursacht eine Streuung des auftreffenden Laserlichtes in bestimmte Richtungen /58/, die vom Sensor gemessen wird. Das Streulichtverfahren ist ein kontinuierliches Meßverfahren. Partikelmessungen in Flüssigkeiten können damit unmittelbar an bzw. in Rohrleitungen und Behältern durchgeführt werden. Die Meßergebnisse sind nach kurzer Zeit, abhängig von Meßvolumenstrom und Geschwindigkeit der Datenverarbeitung, verfügbar. Die derzeit erreichbare Meßgrenze liegt bei etwa 0,1 bis 0,5 μm Partikeldurchmesser. In Bild 2.3.2 ist die Meßzelle eines Streulichtpartikelzählers für Flüssigkeiten abgebildet. Die meßbaren Partikelkonzentrationen bei kleinen Koinzidenzfehlern liegen bei hochempfindlichen Geräten mit diesen Meßgrenzen in der Größenordnung von ca. 3000 Partikeln pro ml.

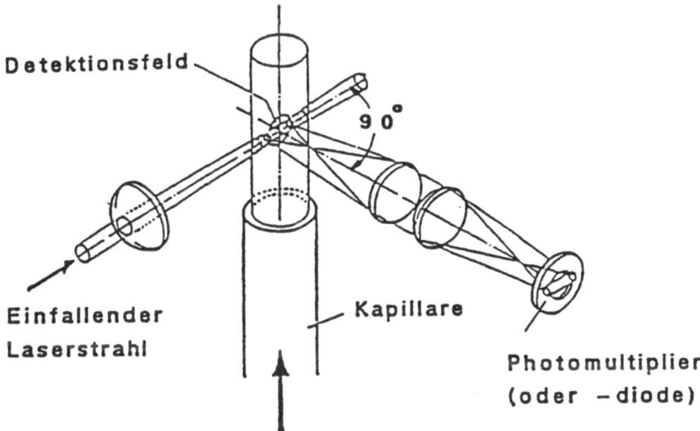

Bild 2.3.2:   Prinzip einer Streulichtmeßzelle /59/

Bei der Definition der Partikelgröße ist die Angabe einer Länge üblich. Im mikroskopischen Auszählverfahren erkennt der Auszählende die Teilchen in zwei ihrer tatsächlichen Dimensionen und ordnet ihnen subjektiv eine bestimmte Größe zu. Beim Streulichtverfahren wird die Größe der zu zählenden Partikel mittels der Höhe des erzeugten Streulichtimpulses bestimmt. Bei der Analog-Digital-Wandlung werden den Signalen über voreingestellte Schwellwerte Größenbereiche zugeordnet. Mit den derzeit erhältlichen Geräten wird die Größenverteilung in 6 bis 32 Kanälen tabellarisch oder in Histogrammen dargestellt.

Im idealen Fall wird der Meßort in die Leitung selbst integriert (in-line-Messung). In den meisten Fällen muß jedoch ein Teilvolumenstrom aus dem Rohr entnommen und der Meßvorrichtung zugeführt werden. Für die Probenahme aus Flüssigkeitsgebinden (Flaschen, Behälter, oder Naßbecken) muß die treibende Kraft, die die Flüssigkeit der Meßvorrichtung zuführt, von der Probenahmemimik aufgebracht werden. Dazu stehen die Vakuum- oder die Druckmethode zur Verfügung /61/.

2.3.2 Qualitätssicherung durch Partikelmessung in Prozeßflüssigkeiten

Zur Qualitätssicherung hinsichtlich Partikelverunreinigungen aus Prozeßflüssigkeiten kommen für die Halbleiterfertigung stellenweise Routinemessungen zum Einsatz. Dies beginnt bei der Qualitätssicherung für die Chemikalien beim Hersteller. Dort bietet sich eine Partikelkontrolle während des Abfüllvorganges an (in-line oder on-line). Die Einwirkungen der Gebinde lassen sich jedoch nur in einer Probenahme nach erfolgter Abfüllung erfassen.

In der Regel entnehmen die Halbleiterhersteller Stichproben aus den angelieferten Gebinden als Basis für eine Qualitätssicherungssystematik /44/. Bei Verwendung von Großgebinden und Zentralversorung von Chemikalien sind on-line- oder in-line-Überwachungen der Partikelkonzentration möglich. Dasselbe gilt für die Reinstwasserversorgung in der Halbleiterfabrik. Diese Art der Überwachung dient zur Feststellung von Trends, um Störungen im Versorgungssystem rechtzeitig erkennen zu können. Außerdem wird bei Überschreitung von Grenzwerten Alarm ausgelöst. Im konsequentesten Fall wird daraufhin die Zufuhr zum "point of use" gestoppt, um die Halbleitersubstrate im Prozeß vor übermäßiger Partikelbelastung zu schützen. Für die Überprüfung spezifizierter Reinheitswerte werden heute auch Partikelmessungen bei der Abnahme installierter Medienversorgungssysteme durchgeführt.

All diese Messungen werden derzeit von den Anwendern auf jeweils eigene Art und Weise durchgeführt. Dadurch sind sie untereinander nicht vergleichbar. Es existieren dazu auch keinerlei Standards. Im Bewußtsein der steigenden Anforderungen von seiten der Prozeßtechnologie fordern Halbleiterhersteller von ihren Lieferanten für Chemikalien, Versorgungs- und Aufbereitsungsanlagen immer schärfere Reinheitswerte. Über die zugehörige Nachweistechnik herrscht jedoch große Unsicherheit. In vielen Fällen wird dadurch der heute notwendige und erreichbare Reinheitsstandard verfehlt.

Prüfungen des Kontaminationsverhaltens von Versorgungskomponenten und -systemen werden bisher überhaupt nicht durchgeführt. Es existiert kein entsprechendes Prüfverfahren. Daher sind keine objektiven Qualitätsprüfungen und Kontrollen an diesen Komponenten und Systemen möglich. Ein wesentlicher Faktor für die Reinheit von Prozeßmedien bleibt damit unkontrolliert. Daran wird die Notwendigkeit der Entwicklung und Erarbeitung eindeutiger Prüfverfahren und -richtlinien deutlich.

3 Analyse der Partikelquellen und der verfügbaren Partikelmeßtechnik

3.1 Partikelquellen

Zur Formulierung der Anforderungen an das Prüfverfahren müssen zunächst alle Mechanismen und kritischen Stellen des Partikeleintrags in die Flüssigkeiten gefunden werden. Daher erfolgt in diesem Kapitel eine theoretische Analyse der möglichen Ursachen und darauf aufbauend eine Zusammenstellung der kritischen zu prüfenden Komponenten und Funktionen.

3.1.1 Partikeleintrag in Flüssigkeiten

Damit Partikeleintrag in Flüssigkeiten von berührenden Rohrwandungen stattfindet, muß zunächst eine Kraft entgegen derjenigen wirken, die das jeweilige Teilchen

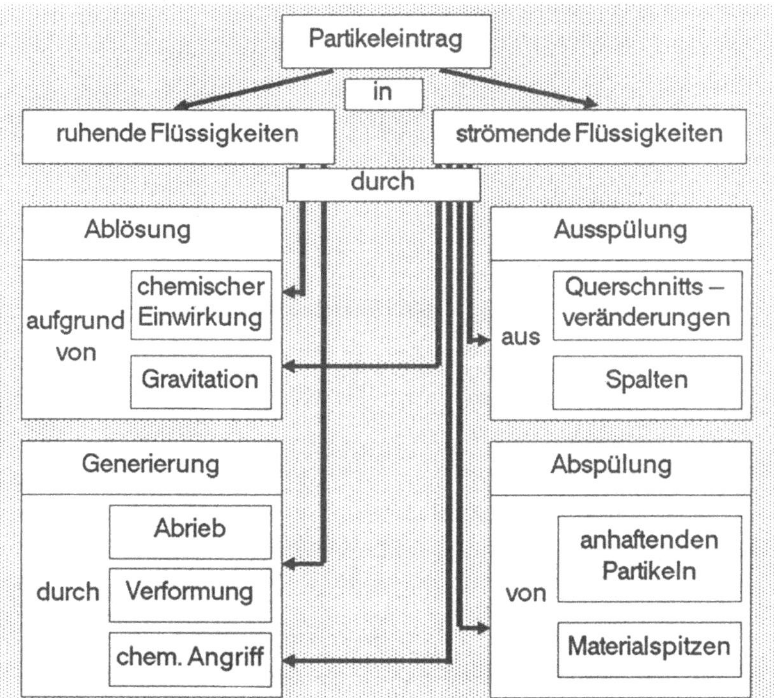

Bild 3.1.1:   Ursachen für Partikeleintrag in Flüssigkeiten

auf oder in der Oberfläche festhält. In ruhenden und strömenden Flüssigkeiten kommen dazu die in Bild 3.1.1 gezeigten Mechanismen infrage.

Für anhaftende Partikel besteht neben der Ablösung durch Gravitation und/oder chemische Einwirkung die Möglichkeit der Ab- oder Ausspülung. "Abspülung" bezieht sich hier auf gleichförmig angeströmte Rohrwandungsflächen, "Ausspülung" auf schwach durchströmte Bereiche (Totstromzonen).

Bild 3.1.2 enthält verschiedene Haft- und Bindungskräfte, die die Partikel an der Wandungsoberfläche festhalten und gegen den Eintrag in die Flüssigkeit wirken.

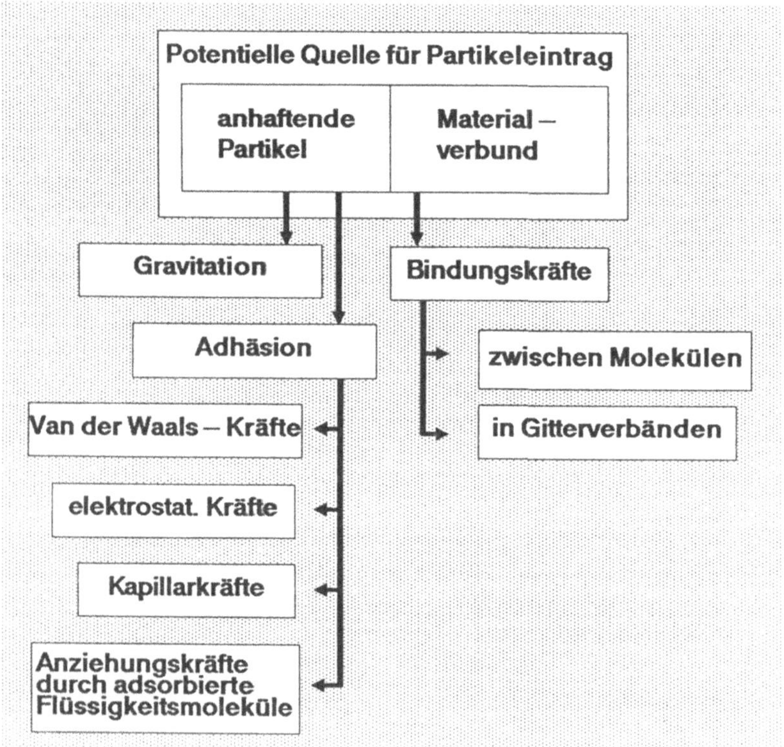

Bild 3.1.2:   Haft- und Bindungskräfte von Partikeln auf bzw. in Oberflächen

Adhäsionskräfte wachsen für kleine Partikeldurchmesser im Verhältnis zu der auf sie wirkenden Gravitationskraft überproportional an /2,7,68/. Letztere ist daher für das Anhaften an den Wandungsoberflächen nicht relevant. Die relevante Adhäsionskraft setzt sich zusammen aus Van der Waals-Kräften und elektrostatischen Kräften. Zur Berechnung der Gesamtkraft F_{Adh} für den hier betrachteten Fall in Flüssigkeiten wird folgender Ansatz zugrundegelegt:

$$F_{Adh} = F_{vdW} + F_{vdW}^{*} + F_{eS} + F_{dS} \qquad (3.1.1)$$

mit:

F_{vdW} = Van der Waals-Kraft

F_{vdW}^{*} = zusätzliche Van der Waals-Kraft infolge Partikelverformung

F_{eS} = Elektrostatische Spiegelkraft

F_{dS} = Elektrostatische Doppelschichtkraft

Unter Anwendung der von Bowling /7/ vorgeschlagenen Gleichungen auf diesen Fall wird die folgende Formel für die Berechnung der Gesamtadhäsionskraft abgeleitet:

$$F_{Adh} = 2 \cdot 10^{-8} \frac{N}{eV \cdot \mu m} \cdot h \cdot d + 9{,}96 \cdot 10^{-5} \frac{N}{eV \cdot \mu m} \cdot h \cdot r^{*2}$$

$$\pm\; 7 \cdot 10^{-32} \frac{N \cdot cm^{3}}{\mu m \cdot K} \cdot d \cdot T \cdot N_{L} \qquad (3.1.2)$$

mit:

h = Lifshitz-Van der Waals-Konstante

d = Partikeldurchmesser

r^{*} = Radius der zusätzlichen Auflagefläche des verformten Partikels

T = Temperatur

N_{L} = Anzahl der Ladungen $/cm^{3}$ Flüssigkeit

Der erste Summand in Gleichung 3.1.2. beschreibt die Van der Waals-Kraft einschließlich Verformungsanteil, der zweite Summand beschreibt die Extremwerte für die Anziehungs- bzw. Abstoßungskraft zwischen Partikel und Oberfläche durch die Ladungen adsorbierter Flüssigkeitsmoleküle. Der Term wird positiv bei maximaler

Anziehung (Partikel und Oberfläche vollkommen bedeckt mit entgegengesetzt geladenen Molekülen) und negativ bei maximaler Abstoßung (vollkommene Bedeckung mit gleichnamig geladenen Molekülen). In der vorliegenden Arbeit wurden auf dieser Basis die Adhäsionskräfte von Kunststoff-(Polystyrol-) und Metallteilchen (Silber) auf Polystyrol- und Silberoberflächen in Wasser (pH 7) und Schwefelsäure (pH 0) berechnet. Einige Ergebnisse davon sind beispielhaft in Bild 3.1.3 dargestellt. Die betrachteten Stoffkombinationen stellen Extremfälle dar und umspannen somit den gesamten Bereich der möglichen auftretenden Adhäsionskräfte.

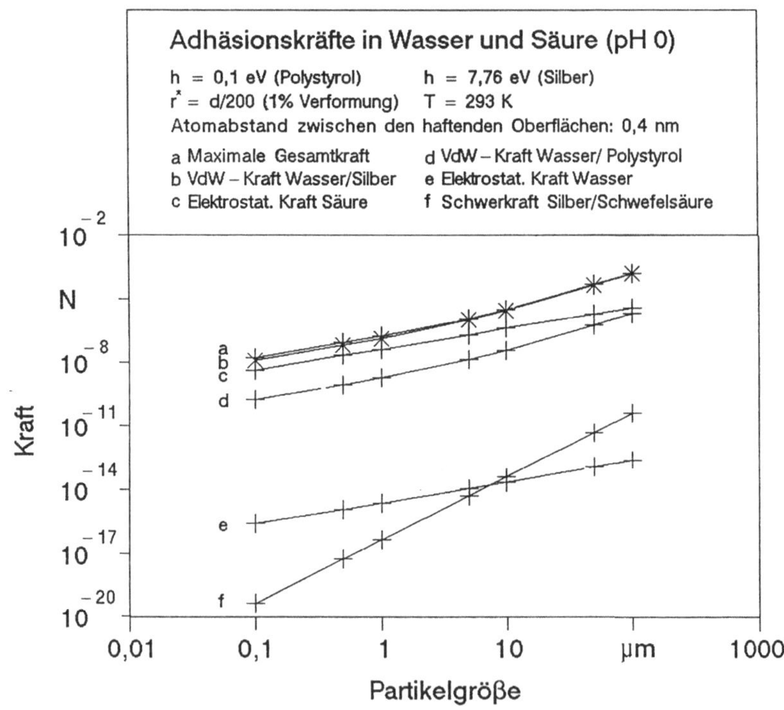

Bild 3.1.3:   Adhäsionskräfte auf Partikel an Oberflächen in Flüssigkeiten

Bei entgegengesetzter Ladung der an Partikel und Oberfläche adsorbierten Flüssigkeitsmoleküle kann die Gesamtadhäsionskraft nach Gleichung 3.1.2 auch negative Werte annehmen. Das heißt, daß sich von vornherein keine Partikel ablagern oder bereits anhaftende Partikel beim Eintauchen in die Flüssigkeit von der Oberfläche abgereinigt werden. Im umgekehrten Fall können dagegen auf sehr kleine Partikel Adhäsionskräfte bis über 10^{-8} N wirken (Bild 3.1.3). Das entspricht Anpreßdrücken von bis über 10^6 N/m². Demgegenüber ist die aus Gravitation und Auftrieb resultierende Schwerkraft F_S auf solche Teilchen vernachlässigbar klein (Bild 3.1.3):

$$F_S \;=\; \frac{1}{6} \cdot d^3 \cdot (\rho_p - \rho_{fl}) \cdot g \qquad\qquad (3.1.3)$$

mit:

ρ_p = Dichte des Partikels

ρ_{fl} = Dichte der Flüssigkeit

g   = Erdbeschleunigung

Auf strukturierten Oberflächen können darüber hinaus an bestimmten Geometrien erhöhte Ladungsdichten auftreten /68/ und den Partikeln wird eine höhere Auflagefläche geboten, wodurch die Adhäsionskraft erhöht wird.

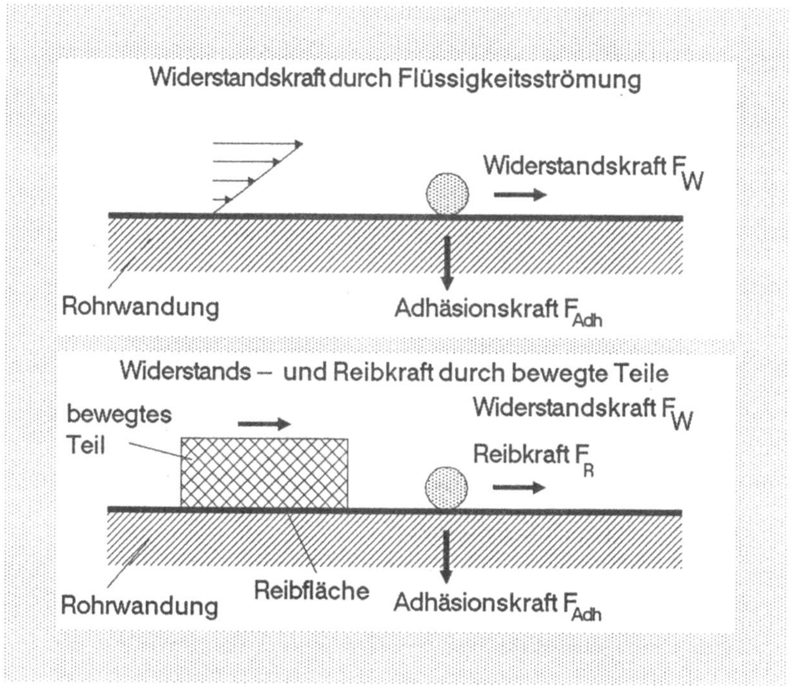

Bild 3.1.4:   Kräftesituationen an haftenden Partikeln

Die in Bild 3.1.1 aufgeführten Eintragsmechanismen für Partikel kommen unter der Voraussetzung zum Tragen, daß die auf anhaftende Teilchen wirkenden Ablösekräfte die oben berechneten Adhäsionskräfte überwinden. Wie oben gezeigt, kann dabei die Gravitation vernachlässigt werden. Chemische Einwirkungen werden im vorliegenden Rahmen nicht näher untersucht. Es verbleibt Partikeleintrag durch Abspülung, Ausspülung und Generierung (Bild 3.1.1). Die resultierenden Kräftesituationen sind in Bild 3.1.4 dargestellt.

Zur Berechnung der Widerstandskraft F_W auf ein Partikel an einer Rohrwandung im Flüssigkeitsstrom wird von einer umströmten Kugel ausgegangen:

$$F_W \quad = \quad v^2 \cdot \frac{\rho_{fl}}{2} \cdot A \cdot c_W \qquad\qquad (3.1.4)$$

mit:

ρ_{fl} =   Dichte der Flüssigkeit

v =   Strömungsgeschwindigkeit

A =   projizierende Fläche des Partikels

c_W =   Widerstandsbeiwert

Zur Abschätzung der Größenordnung wurden beispielhaft Extremwerte bei laminarer und turbulenter Rohrströmung berechnet. Zur Ermittlung der wirksamen Strömungsgeschwindigkeiten dienten folgende Ansätze /76,77,78/:

Grenzbedingung laminar/turbulent:

$$Re \quad = \quad \frac{v_m \cdot D}{\nu} \quad = \quad 2.300 \qquad\qquad (3.1.5)$$

mit:

v_m =   mittlere Strömungsgeschwindigkeit

D =   Rohrdurchmesser

ν =   kinematische Viskosität der Flüssigkeit

Strömungsgeschwindigkeit allgemein:

laminar: $v(r) \quad = v_{max} \cdot \left(1 - \dfrac{r^2}{R^2}\right)$ (3.1.6) mit:

$$v_{max} \quad = 2 \cdot v_m = \quad \text{Maximalgeschwindigkeit in der Rohrmitte}$$

$$r \quad = \quad \text{Abstand von der Rohrachse}$$

$$R \quad = D / 2 = \quad \text{Rohrradius}$$

turbulent: $\qquad v(y) \quad = \dfrac{v_m}{2 \cdot \delta} \cdot y$ $\hfill (3.1.7)$

mit:

$$\delta \quad = \frac{12{,}64 \cdot D}{Re_D^{3/4}} \hfill (3.1.8)$$

$$y \quad = \text{Wandabstand}$$

<u>Mittlere auf ein Partikel auftreffende Strömungsgeschwindigkeit:</u>

laminar: $\qquad v_{Flam} \quad = 2 \cdot v_m \cdot \left(1 - \dfrac{(R - d/2)^2}{R^2}\right)$ $\hfill (3.1.9)$

turbulent: $\qquad v_{Fturb\cdot} \quad = \dfrac{v_m}{2 \cdot \delta} \cdot \dfrac{d}{2}$ $\hfill (3.1.10)$

Voraussetzung für die Anwendbarkeit von Gleichung 3.1.7 ist, daß das Partikel nicht aus der laminaren Unterschicht der Strömung an der Rohrwandung hinausragt. Dies wurde für die berechneten Fälle überprüft und eindeutig bestätigt.

In Bild 3.1.5. sind die berechneten Werte für die Widerstandskraft auf Partikel an angeströmten Rohroberflächen, abhängig von deren Durchmesser, dargestellt. Zum Vergleich sind die oben berechneten maximalen Adhäsionskräfte aufgetragen. Wie oben gezeigt, liegen die tatsächlichen Adhäsionskräfte im Bereich zwischen null und diesen Maximalwerten. In sehr vielen Fällen ist daher eine Ablösung der Partikel durch die Widerstandskraft der Strömung möglich. Wie aus Bild 3.1.5 ebenfalls ersichtlich, ist für große Partikel die Möglichkeit des Eintrags höher als für kleine.

Nach Beginn der Durchströmung eines Rohrleitungssystems ist also zunächst mit Partikeleintrag in die Flüssigkeit zu rechnen, der mit der Zeit abnimmt. Zu Beginn ist eine hohe Anzahl von Teilchen vorhanden, die durch die jeweils vorliegenden Strömungsbedingungen abgelöst werden können. Mit der Anzahl der abgespülten

Teilchen sinkt dieses Potential. Ein solches Verhalten kann beschrieben werden durch:

$$N_P(t) = a \cdot e^{-b \cdot t_S} \qquad\qquad (3.1.11)$$

mit:

t_S = Spülzeit

a,b = Konstanten

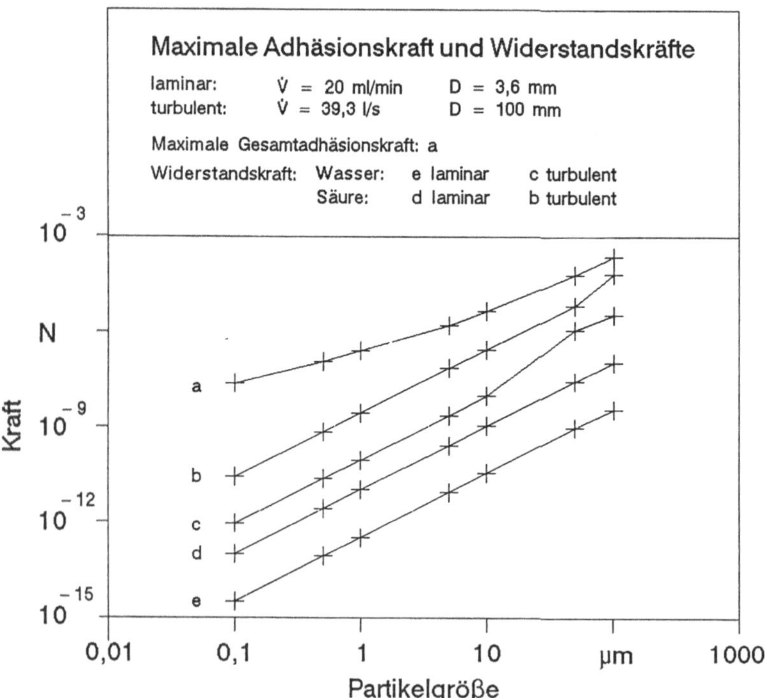

Bild 3.1.5:   Widerstandskräfte auf umströmte Kugeln an Wandungsoberflächen

Damit ergibt sich ein exponentielles Abklingverhalten der Partikelkonzentration in der Flüssigkeit. Bei Erhöhung der Strömungsgeschwindigkeit, Druckstößen etc. ist wiederum mit einem Anstieg des Partikeleintrags zu rechnen, da dadurch die Widerstandskräfte ansteigen.

Partikel können außer durch Adhäsion an der Oberfläche der Rohrwandungen auch durch spezielle Geometrien, z. B. an Querschnittsveränderungen, in den Strom ragenden Teilen oder in Spalten, festgehalten werden. Dort bilden sich Rückströmungen, Wirbel etc. und die Strömungsgeschwindigkeit ist niedriger als im gleichmäßig durchströmten Rohr. Durch Druckstöße können hier kurzzeitig höhere Geschwindigkeiten und veränderte Strömungsbedingungen auftreten, die zum Eintrag der abgelagerten Partikel in den Strom führen. Solche Punkte stellen daher besonders nachhaltige Partikelquellen dar.

Bei mechanischen Manipulationen der Wandungsoberflächen, wie Verformung oder Reibung, wirken ebenfalls erhöhte Kräfte auf anhaftende Partikel und Rauhigkeitsspitzen (Bild 3.1.4). Hierbei ist besonders zu beachten, daß die Größenordnung der kritischen Partikel bis unter die Höhe der Rauhigkeitsspitzen selbst sehr glatter Materialoberflächen reicht. Dies bedeutet zum einen, daß beim Abrieb solcher Spitzen kritische Partikel entstehen, zum anderen folgt daraus, daß sich Partikel in den Rauhigkeitstälern abblagern und bei Druckstößen u. ä. wieder ausgespült werden können. Beides kann nachhaltigen Partikeleintrag in die berührende Flüssigkeit verursachen.

Die Analysen dieses Kapitels zeigen deutlich, daß von den Wandungsoberflächen der Versorgungskomponenten Partikeleintrag stattfindet durch Abspülung, Ausspülung und mechanische Einwirkungen. Während der zu Beginn hohe Eintrag durch Abspülung exponentiell mit der Zeit abnimmt, sind Ausspülungen und mechanisch generierte Partikel nachhaltig zu erwarten.

3.1.2   Partikelquellen in Versorgungs- und Aufbereitungssystemen

In Versorgungssystemen für Prozeßflüssigkeiten wird der Fluidstrom auf unterschiedliche Weise beeinflußt, z. B.:

- geteilt

- geschlossen und geöffnet

- dosiert

- gemessen und kontrolliert

- gefiltert

Dadurch kommt das Medium mit Komponenten in Berührung, die hinsichtlich der Partikelabgabe besonders kritisch sind. Bild 3.1.6 gibt eine Übersicht über diese Komponenten.

Neben der Verteilung zum Ort des Verbrauchs beinhaltet die Flüssigkeitsversorgung auch verschiedene Aufbereitungsmaßnahmen, z. B.:

- Mischung verschiedener Flüssigkeiten

- Temperierung

- Destillation

- Umwälzung über Filter

Komponenten	Beispiele	kritische Details, Vorgänge
Rohrverbindungen	Schweißnähte Verschraubungen Flansche	Totstromzonen, Querschnittsverengungen, reibende Flächen (Verschraubungen) Verformungen (Dichtungen)
Rohrverzweigungen	Mehrweghähne	Totstromzonen, reibende Flächen, Querschnittsverengungen
sperrende Elemente	Absperrhähne	Totstromzonen, reibende Flächen, Querschnittsverengungen
Dosierelemete	Dosierventile	Totstromzonen, reibende Flächen, Verformungen (z. B. Membranen)
Meßeinbauten	Durchflußmesser Druckmesser	Querschnittsverengungen, Totstromzonen, reibende Flächen, Verformungen
Förderaggregate	Pumpen	bewegte Teile, reibende Flächen, Verformungen

Bild 3.1.6:   Kritische Komponenten in Versorgungssystemen

Auch die gesamte Reinstwasseraufbereitung kann dem zugeordnet werden. Für all diese Manipulationen sind besondere Einbauten in den Verrohrungssystemen notwendig, die die Gefahr des Partikeleintrags in sich bergen (Bild 3.1.1). Oft sind bewegte Teile erforderlich, z. B. Ventile, Pumpen etc. Speziell bei der Reinstwasseraufbereitung kommen, z. B. in Ionenaustauschern, Feststoffschüttungen zum Einsatz. Dort können besonders leicht Partikel vom Flüssigkeitsstrom mitgerissen werden.

Auch im Vorgang der Filtration selbst sind potentielle Partikelquellen verborgen, auch wenn das als Paradoxon erscheint. Die Wirksamkeit von Filtern zur Reduktion der Partikelkonzentration im Flüssigkeitsstrom steht außer Zweifel. Durch den Einfluß immanenter Partikelquellen kann jedoch das durch die Filtermembran selbst erreichbare Filtrationsergebnis verschlechtert werden.

Es ist bekannt, daß frisch eingebaute Filter zunächst gründlich von Partikeln freigespült werden müssen. Jedoch auch nach längerem Betrieb können noch, z. B. bei Druckstößen, erhebliche Partikelzahlen aus dem Filter freigesetzt werden /63/. Die möglichen Partikelquellen sind in Bild 3.1.7 zusammengefaßt.

Filterbauteil	besonderer Partikeleintrag durch			
	Ab-spülen	Tot-strom-zonen	Ver-for-mung	Abrieb
Reinseitige Membranfläche	sehr kritisch	möglich	möglich	
Stützkörper der Membran				sehr kritisch
Verbindung Kerze / Gehäuse		kritisch		möglich
Anschluß Gehäuse / Verrohrung		kritisch		möglich

○ möglich   ◒ kritisch   ● sehr kritisch

Bild 3.1.7:   Partikelquellen in einer Filtereinheit

Die Filtermembran selbst hat eine große Oberfläche und bietet ein hohes Potential für anhaftende Partikel. Besonders in den Rundungen plissierter Membranen scheinen viele Partikel generiert zu werden /64/. Zwischen Membran und Stützkonstruktion können Relativbewegungen und damit Partikelabrieb zustande kommen. Auch der restliche Aufbau des Filters bietet eine Vielzahl von Partikelquellen durch Abrieb sowie Ab- und Ausspülung von Wandoberflächen und Strömungstotzonen.

Das Maß der Kontamination bzw. Dekontamination von Prozeßflüssigkeiten mit Partikeln während der Versorgung und Aufbereitung ist primär verantwortlich für deren Reinheit bei Eintritt in die Prozeßumgebung. Es ist daher entscheidend, die möglichen Partikelquellen darin zu minimieren. Das ist konsequent nur mit einer Prüftechnik möglich, die es erlaubt, Komponenten gezielt auf ihr Kontaminationsverhalten zu untersuchen.

3.2 Partikelmeßtechnik

Die verfügbare Meßtechnik stellt die zentrale Randbedingung für ein Prüfverfahren dar. Dadurch werden sowohl Konzept als auch Realisierungsmöglichkeiten der Prüfaufbauten und -programme grundlegend beeinflußt.

Meßmethode	Meßgrenze [µm]	mimimal erfaßbare Konzentration	Grundrauschen
Ultraschall	10 µm	gut	niedrig
Leitfähigkeit	0,2 µm	gut	hoch (Elektrolyt)
Auszählung	≈ 0,005 µm	gut	niedrig
Lichtblockade	1 µm	gut	niedrig
Lichtstreuung	0,1 ... 0,5 µm	gut	niedrig

Bild 3.2.1: Vergleich verfügbarer Partikelmeßmethoden

Von der Meßtechnik werden in erster Linie Informationen über zwei Parameter gefordert:

- Anzahl der vorhandenen Partikel pro Volumeneinheit (Partikelzählung)

   – Größenklassifizierung der gezählten Partikel

Zusätzlich sind für eingehende Untersuchungen chemische Analysen der Partikel notwendig.

In Bild 3.2.1 sind die infrage kommenden Meßmethoden in bezug auf die in der Halbleiterfertigung relevanten Kriterien vergleichend dargestellt. Während Ultraschall- und Lichtblockadeverfahren aufgrund der Meßgrenze ausfallen, erreicht die Leitfähigkeitsmethode durch den notwendigen Elektrolytzusatz kein hinreichend niedriges Grundrauschen. Damit verbleiben als verwendbare Methoden:

   – mikroskopische Auszählung

   – Streulichtverfahren

Im folgenden wird die Leistungsfähigkeit dieser Verfahren hinsichtlich der meßbaren Partikelgrößen und -konzentrationen kritisch analysiert.

3.2.1 Erfaßbare Partikelgrößen

Unter dem Rasterelektronenmikroskop (REM) sind Teilchen bis 0,005 μm Durchmesser auflösbar /55,85/. Die notwendigen Filtermembranen mit monodispersen runden Kapillaröffnungen sind derzeit bis 0,01 μm verfügbar /56/. Die Meßgrenze des Auszählverfahrens liegt also in diesem Bereich. Zur Auszählung der Partikel sind Vergrößerungen bis 20.000-fach geeignet /86/. Auch bei Auszählung von jeweils 100 Feldern unter dem Mikroskop wird nur ein sehr geringer Anteil der Fläche betrachtet, auf der die Partikel verteilt sind. Eventuelle Zählungenauigkeiten multiplizieren sich entsprechend. Eine hinreichende Meßgenauigkeit erfordert besonders bei Teilchen < 0,2 μm hohe Sorgfalt und sehr hohen zeitlichen Aufwand.

Beim Streulichtverfahren hängt die erzeugte Streulichtintensität ab von /87,88,89/:

   – der Größe des Partikels

   – der geometrischen Form des Partikels

   – den Brechungsindizes von Partikel und umgebendem Medium (Indexkontrast)

   – der Wellenlänge des einfallenden Lichtes

Die Form des Partikels wird bei der Streulichtmessung nicht berücksichtigt. Es kann einem Teilchen nur ein "optischer" Durchmesser zugeordnet werden /86/. Dieser entspricht dem Durchmesser eines dieselbe Streulichtintensität verursachenden Partikels, das zur Kalibrierung des jeweiligen Gerätes verwendet wurde. In der Regel sind dies Latexteilchen aus Polystyrol mit idealer Kugelform.

Der Brechungsindex von Hydrosolen nimmt, abhängig von deren chemischer Zusammensetzung, stark unterschiedliche Werte an. Entscheidend für die erzeugte Streulichtintensität ist das Verhältnis von Brechungsindex des Hydrosols (BI_p) zu Brechungsindex der Flüssigkeit (BI_F), der Indexkontrast (IK):

$$IK = BI_p / BI_F \qquad (3.2.1)$$

Die Abhängigkeit des Streulichtquerschnittes I_S als Maß für die Streulichtintensität vom Partikeldurchmesser d und der Wellenlänge des einfallenden Lichtstrahls wird in drei Bereiche eingeteilt /87,88/:

1. Geometrische Streuung ($d >> \lambda$):

$$I_S \sim d \qquad (3.2.2)$$

2. Mie-Streuung ($0,1\,\lambda < d < 30\,\lambda$):

$$I_S \sim d^5 / \lambda^3 \ \text{ bis } \ I_S \sim d^3 / \lambda \qquad (3.2.3)$$

3. Rayleigh-Streuung ($d << \lambda$):

$$I_S \sim d^6 / \lambda^4 \qquad (3.2.4)$$

In den meisten Fällen kommen Helium-Neon-Laser mit 632,8 nm Wellenlänge zur Anwendung. In diesem Fall gilt für Partikel zwischen 0,0633 μm ($= 0,1\,\lambda$) und 19 μm ($= 30\,\lambda$) die Mie-Streuung. Das umfaßt im wesentlichen den betrachteten Partikelgrößenbereich. Die für die Messung nutzbare Streulichtintensität nimmt also mit bis zur fünften Potenz der Partikelgröße ab.

Ein Partikel kann umso besser in einer Streulichtzelle erkannt werden, je länger es vom einfallenden Laserlicht angestrahlt wird und Streulicht verursacht. Gleichzeitig muß eine Meßzelle für sehr kleine Partikel einen kleinen Querschnitt aufweisen, damit eine genügend hohe Lichtintensität gleichmäßig über der Kapillare erzielt wird. Beides geht auf Kosten der meßbaren Durchflußrate. Ist eine Teilstromentnahme notwendig, so muß diese aus dem zu untersuchenden Gesamtstrom so abgezweigt werden, daß sie auch dieselbe Partikelkonzentration und -größenverteilung beinhaltet. Dieses ist gewährleistet durch isokinetische Probenahme aus turbulent durchmischter Strömung. Unter dieser Voraussetzung können Entmischungseffekte durch unterschiedliche Strömungsgeschwindigkeiten über dem Rohrquerschnitt das Meßergebnis nicht beeinflussen.

3.2.2 Meßbare Partikelkonzentrationen

Die Partikelzählung in flüssigen wie auch gasförmigen Medien ist eine Zählung relativ seltener, zufälliger und voneinander unabhängiger Ereignisse in der Zeit- oder Raumeinheit. Damit kann das statistische Verhalten nach der Poisson-Verteilung beschrieben werden /90,91/:

$$P(x) = \frac{\lambda^x \cdot e^{-\lambda}}{x!} \qquad (3.2.5)$$

λ ist zugleich Mittelwert und Varianz:

$$\lambda = \mu = \sigma^2 \qquad (3.2.6)$$

mit Standardabweichung:

$$\sigma = \sqrt{\frac{\Sigma x^2 - (\Sigma x)^2 / n}{n-1}} \qquad (3.2.7)$$

Um bei der Partikelmessung den Mittelwert der Grundgesamtheit mit hoher Sicherheit abschätzen zu können, ist eine Mindestanzahl an Zählereignissen pro Stichprobe notwendig. Entsprechend sind die Meßintervalle im Partikelzähler bzw. die Filtrationszeiten und Anzahl der auszuzählenden Felder bei Verwendung von Testmembranen einzustellen.

Die 95%-Vertrauensbereiche der Poisson-Verteilung lassen sich nach folgender Gleichung abschätzen /90/:

$$1/2\, \chi^2_{0,975;2x} \leq \lambda \leq 1/2\, \chi^2_{0,025;2(x+1)} \qquad (3.2.8)$$

mit:

$$\chi^2 \quad = \quad \text{Prüfgröße des } \chi^2\text{-Tests}$$

Um diese Abweichung z. B. auf max. ±10 % zu halten, sind pro Stichprobe mindestens 300 Zählereignisse notwendig.

Bei sehr hohen Partikelkonzentrationen in der zu messenden Flüssigkeit treten in Streulichtgeräten Meßfehler durch Koinzidenzen von Zählereignissen in der Meßzelle auf. Mehrere einzelne Partikel werden dabei vom Zählgerät als ein größeres registriert. Darüber hinaus benötigt die Elektronik des Zählers eine gewisse Zeit, um ein Zählereignis zu verarbeiten. Während dieser Zeit ist der Zähler "blind" für weitere Partikel. Dadurch können Teilchen völlig übersehen oder das Streulicht nur teilweise registriert werden. Die Auswirkung der kombinierten optischen und elektronischen Koinzidenz auf den Zählwirkungsgrad η_Z kann abgeschätzt werden durch:

$$\eta_Z \quad = \quad c_g / c_t = e^{-c_g \cdot V_M} \qquad (3.2.9)$$

mit:

c_g = gemessene Partikelkonzentration

c_t = tatsächliche Partikelkonzentration

V_M = effektives Volumen der Meßzelle

Dabei kann V_M bestimmt werden über den Flüssigkeitsvolumenstrom V_F durch die Meßzelle und die Verweilzeit t_V:

$$V_M \quad = \quad \dot{V}_F \cdot t_V \qquad (3.2.10)$$

Um den zeitlichen Aufwand beim Auszählen von Prüfmembranen klein zu halten, sind mitunter erhebliche Filtrationszeiten notwendig. Sollten z. B. nicht mehr als 30 Felder pro Stichprobe unter dem REM auf einer Membran betrachtet werden, so muß die Partikeldichte für die obengenannte statistische Sicherheit von ±10 % über 10 pro Feld betragen. Bei 5.000- facher Vergrößerung z. B. beträgt die notwendige Partikeldichte dafür auf der Membran $2 \cdot 10^6 /cm^2$.

Insgesamt ist das Auszählverfahren auf Filtermembranen eine sehr zeitaufwendige Prozedur sowohl bei der Probenahme (Filtrationszeit) als auch bei der Auszählung selbst, die große Sorgfalt erfordert. Beim Streulichtverfahren sind dagegen die Zählergebnisse unmittelbar nach Ablauf eines Meßintervalles verfügbar. Selbst bei sehr geringen Partikelkonzentrationen in der Flüssigkeit sind Intervalle von einigen Minuten für genaue Messungen hinreichend (notwendige Mindestpartikelzahl pro Stichprobe). Für die vorliegende Anwendung ist die Streulichtzählung daher das

Verfahren der Wahl. Es ist jedoch notwendig, diese indirekte Meßmethode durch die direkte Auszählung der Teilchen auf Filtermembranen zu überprüfen und ggf. zu kalibrieren.

3.2.3   Partikelanalyse

Zur Analyse der chemischen Zusammensetzung von Partikeln sind verschiedene Verfahren aus der Oberflächenanalyse anwendbar /92,93/. Voraussetzung ist, daß die Analyse auf hinreichend kleine Flächen bzw. Volumina fokussiert werden kann. Weiterhin ist die Erfaßbarkeit eines geeigneten Spektrums an Elementen notwendig. Bild 3.2.2 vergleicht einige Verfahren zur Oberflächenanalyse unter diesen Gesichtspunkten.

Analyseverfahren \ Vergleichskriterien	laterale Auflösung	detektierbare Elemente	in REM integrierbar
SIMS	1µm	alle	nein
AES	0,05µm	> He	nein
EDX	0,1µm	> Na (C)	ja
WDX	0,1µm	alle	ja

Bild 3.2.2:   Vergleich von Methoden für die Partikelanalyse

Besonders die Sekundärionen-Massenspektroskopie (SIMS) und Augerelektronen-Spektroskopie (AES) setzen den Einsatz spezieller sehr aufwendiger Apparate voraus. Energie- und wellendispersive Röntgenstrahlanalyse (EDX, WDX) können dagegen in ein Rasterelektronenmikroskop integriert werden. Damit ist die Kombination von Partikelzählung/-größenbestimmung, Analyse der Morphologie und der chemischen Zusammensetzung möglich. Besonders das EDX-Verfahren liefert Analyseergebnisse nach kurzer Zeit.

Die bei diesem Verfahren ausgewertete Röntgenstrahlung wird nicht nur an der Probenoberfläche, sondern auch in einem gewissen darunterliegenden Probevolumen angeregt. Ist das zu analysierende Partikel sehr klein, so können die Strahlungen aus der Unterlage die vom Partikel überdecken. Für eindeutige Analysen sind daher Partikelgrößen oberhalb der Auflösungsgrenze des Verfahrens notwendig.

3.2.4 Zusammenfassung der Meßbereiche

Für die Parameter "Volumenstrom" und "Druck" sind in beiden Meßverfahren durch Geometrie und Konstruktion der Meßvorrichtungen eindeutige Bereiche vorgegeben. Durch Druckentspannung, Teilstromentnahme etc. können diese Größen im

Meß-verfahren	Grenze	Partikelgröße	Partikel-konzentration
Streulicht-verfahren	oben	unkritisch	Koinzidenz
	unten	Signal-/ Rauschabstand	Statistik
Auszähl-verfahren	oben	unkritisch	Auflösung, Filtrationsdauer
	unten	Vergrößerung Sehschärfe	Statistik, Filtrationsdauer
EDX-Analyse	oben	unkritisch	unkritisch
	unten	Signalüber-deckung durch Untergrund	Wiederfindung der Partikel, Filtrationsdauer

Bild 3.2.3: Grenzbedingungen der eingesetzten Meßverfahren für erfaßbare Partikelgröße und -konzentration

Bedarfsfall an die Betriebsbedingungen der Prüfobjekte angapaßt werden. Dagegen können bzw. dürfen zur Vermeidung von Meßfehlern die Meßgrößen "Partikelgrösse" und "Partikelkonzentration" nicht verändert werden. Der Erfassungsbereich dieser Größen ist daher eingeschränkt. Die Grenzbedingungen sind in Bild 3.2.3 zusammengestellt.

Für genaue und richtige Meßergebnisse dürfen diese Grenzgrößen in den Prüfverfahren nicht unter- bzw. überschritten werden.

4 Anforderungen an die Prüfverfahren

Aus den Analysen in Kap. 3 geht hervor, durch welche Mechanismen die Partikel-kontamination in der Flüssigkeitsversorgung beeinflußt wird und wo diesbezüglich kritische Stellen zu erwarten sind. Außerdem wurden die Eignung und die Grenzen der verfügbaren Meßtechnik als Kernstück für die zu entwickelnden Prüfverfahren analysiert. Im folgenden werden daraus die Anforderungen an die Prüfverfahren erarbeitet.

4.1 Notwendige Prüfungen

Wie in Abschnitt 1.2 formuliert, ist das Ziel der Prüfverfahren, das Kontaminations-verhalten von Systemen und Teilkomponenten zur Versorgung und Aufbereitung von Prozeßflüssigkeiten beurteilbar zu machen. Dazu müssen die davon ausgehenden Phänomene des Partikeleintrags durch Partikelquellen und der Partikelabscheidung durch Partikelsenken (Filter) prüftechnisch erfaßt werden. Bestimmte Komponenten (z. B. Filter) oder Komponentenkombinationen können sich unter unterschiedlichen Bedingungen wie Partikelquellen oder -senken verhalten (s. Kap. 3.1). Daher muß auch die generelle Prüfung des Kontaminationsverhaltens möglich sein.

Sämtliche zu betrachtenden Partikeleintragsmechanismen (Abschn. 3.1) wie auch Abscheidemechanismen kommen in strömenden Flüssigkeiten zum Tragen. Die Prüfungen sollten daher unter dieser Bedingung durchgeführt werden. Zur Erfassung und Unterscheidung von Abspülungs- und Ausspülungseffekten ist die Aufprägung stationärer und instationärer Strömungszustände notwendig. Bei Betätigung der Funktionen der Versorgungskomponenten (Stromteilung, -absperrung, -dosierung etc.) werden die mechanischen Einflüsse auf den Partikeleintrag wirksam (Abrieb, Materialverformung). Dies ist daher in den Prüfverfahren vorzusehen. Voraussetzung zur Prüfung der Partikelabscheidung in Partikelsenken ist die definierte Beaufschlagung der Prüfobjekte mit Hydrosolen.

Wie in Abschnitt 3.2 festgestellt, kommt in den Prüfverfahren nur das Streulichtverfahren für die Erfassung von Partikeleintrag und -abscheidung infrage. Zur Gewährleistung genauer und richtiger Prüfergebnisse ist die Überprüfung der verwendeten Meßgeräte hinsichtlich Zählwirkungsgrad und Größenklassifizierung in die Prüfverfahren zu integrieren.

In Bild 4.1 sind die Anforderungen an die Prüfverfahren zusammengestellt. Es sind dort den verschiedenen Prüfobjekten die zu prüfenden Phänomene und die entsprechenden Prüfbedingungen zugeordnet. Auf dieser Basis sind sämtliche Größen prüfbar, die die Partikelkontamination in der Flüssigkeitsversorgung beeinflussen.

Prüfobjekte	Partikeleintrag	Partikelherkunft	Partikelabscheidung	Kontaminationsverhalten allgemein	Zählwirkungsgrad	Größenklassifizierung	stationäre Durchströmung	instationäre Durchströmung	Funktionsbetätigung	Hydrosolbeaufschlagung
Komponenten *)	●						●	●	●	
		●					●	●	●	
Filter	●						●	●		
		○					○	○		○
			●				●	○		●
Gesamtsysteme				●			●	●	●	
		○					○	○	○	
Meßgeräte					●		●			●
						●	●			●

○ wünschenswert
● notwendig

*) außer Filtern

Bild 4.1: Notwendige Prüfgrößen und -bedingungen für die Prüfobjekte

4.2 Anforderungen an die Prüfstände

Die in Bild 4.1 aufgelisteten notwendigen Prüfungen, der routinemäßige Einsatz der Prüfverfahren in der Praxis und die spezielle Problematik der Meßtechnik für Partikel im sub-μ-Bereich stellen eine Reihe notwendiger und/oder wünschenswerter Anforderungen an die zu entwickelnden Prüfstände. Die wichtigsten sind in Bild 4.2 zusammengestellt.

Für den praktischen Einsatz der Verfahren bei Komponentenherstellern und -anwendern sind hohe Zuverlässigkeit und einfache Handhabung der Prüfstände sowie eine hohe Verfügbarkeit der verwendeten Komponenten erforderlich. Sämtliche zu prüfenden Komponenten müssen ohne weiteres in den Prüfstand eingebaut werden können (siehe Bild 3.1.7). Um hinreichend niedrige Hintergrundkonzentrationen an Partikeln (Blindwerte) zu erreichen, muß die Eigenkontamination des Prüfstandes niedrig und die Prüfstrecke gut reinigbar sein. Die Möglichkeit der Variation von Volumenstrom und Druck und niedrige Kosten für Anschaffung und Betrieb der Prüfstände sind wünschenswert.

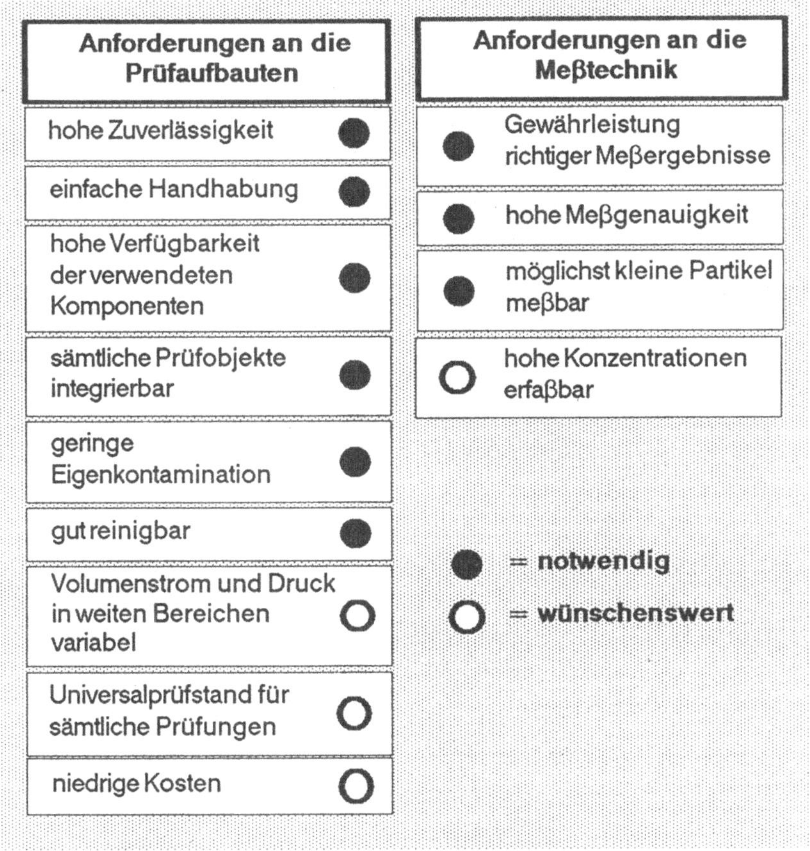

Bild 4.2:   Anforderungen an die Prüfstände

Für die praktische routinemäßige Anwendung ist die Entwicklung eines Universalprüfstandes wünschenswert, der sämtliche in Bild 4.1 aufgeführten Prüfungen ermöglicht. Zunächst ist jedoch die Entwicklung und zu Testzwecken die Realisierung von Einzelprüfständen notwendig, die jeweils eine bestimmte Prüfungsart ermöglichen. Diese haben jeweils die Anforderungen für eines der vier Prüfobjekte aus Bild 4.1 zu erfüllen.

Speziell von der Meßtechnik werden richtige und genaue Meßergebnisse für möglichst kleine Partikel gefordert. Wünschenswert ist speziell für die Prüfungen mit Hydrosolbeaufschlagung auch die Erfassung hoher Partikelkonzentrationen. In Bild 3.2.4 (Abschn. 3.2) wurden bereits die Grenzbedingungen der verfügbaren Meßverfahren hinsichlich erfaßbarer Partikelgrößen und -konzentrationen analysiert, die hierbei unbedingt zu beachten sind.

5 Konzeption von Prüfständen für Kontaminationsuntersuchungen

Aufbauend auf den Anforderungen aus Kapitel 4 erfolgt im folgenden die Konzeption der Prüfstände für die Untersuchung von Flüssigkeitsversorgungssystemen auf Partikelkontamination sowie die Auswahl der für die Realisierung notwendigen Materialien, Komponenten und Meßmethoden..

5.1 Konzepte der Prüfstände

Hier werden die Konzepte verschiedener Prüfstände erarbeitet, die jeweils einen Teil der in Bild 4.1 aufgeführten Prüfungen abdecken. Am Ende des Abschnittes wird daraus das Konzept eines Universalprüfstandes entworfen.

5.1.1 Prüfstand für Partikelquellen

Hier wird ein Prüfstand benötigt, der die optimierte Untersuchung einer isolierten Partikelquelle ermöglicht /75,95/. Das Prinzip des Prüfverfahrens ist in Bild 5.1.1 dargestellt.

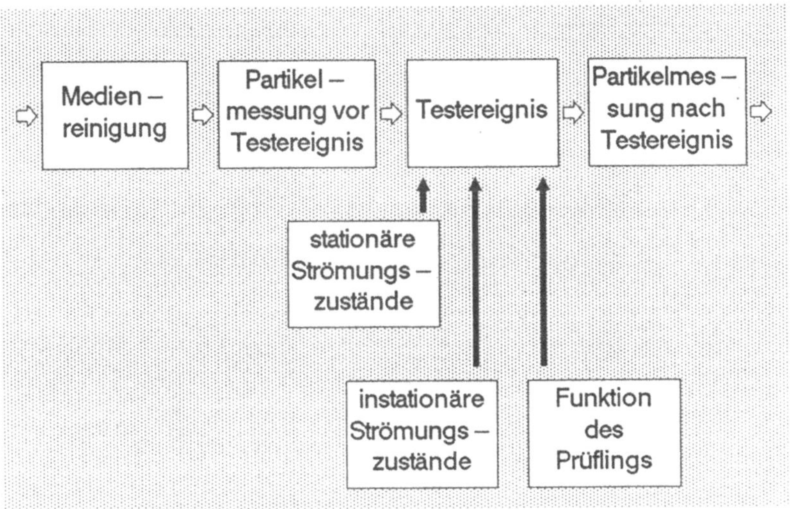

Bild 5.1.1:   Prinzip des Prüfverfahrens für Partikelquellen

Sehr wichtig ist die Reinigung des Trägermediums vor Eintritt in das Prüfobjekt. Zur Bestimmung des Partikeleintrags durch die Prüfkomponenten wird vor und nach dessen Durchströmung die Partikelkonzentration und -größenverteilung im Trägermedium bestimmt. Dabei werden dem Prüfling stationäre Strömungsbedingungen aufgeprägt und/oder der Prüfling selbst betätigt. Für die chemische Analyse der Partikel können diese auf einer Prüfmembran gesammelt werden.

Die Auflösung hinsichtlich der generierten Partikelmenge ist nach unten limitiert durch den erreichbaren Blindwert der Partikelkonzentration im Testfluid vor dem Kontakt mit dem Kontaminationsereignis. Von seiten der Meßtechnik ist theoretisch ein Blindwert von null Partikeln/Volumeneinheit möglich. In praxi ergibt er sich aus einer Optimierung des Aufwandes bei der Medienaufbereitung.

5.1.2   Prüfstand für Partikelsenken

Unter Partikelsenken werden hier Filter als Ganzes oder Teile davon, z. B. die Filtermembran, die die eigentliche Partikelsenke darstellt, verstanden. Wie in Abschnitt 3.1 gezeigt, beinhaltet ein Gesamtfilter auf der Abströmseite der Filtermembran (Reinseite) eine Reihe potentieller kritischer Partikelquellen. Um einen Filter ganzheitlich zu testen, wird auch das Verhalten dieser Punkte berücksichtigt.

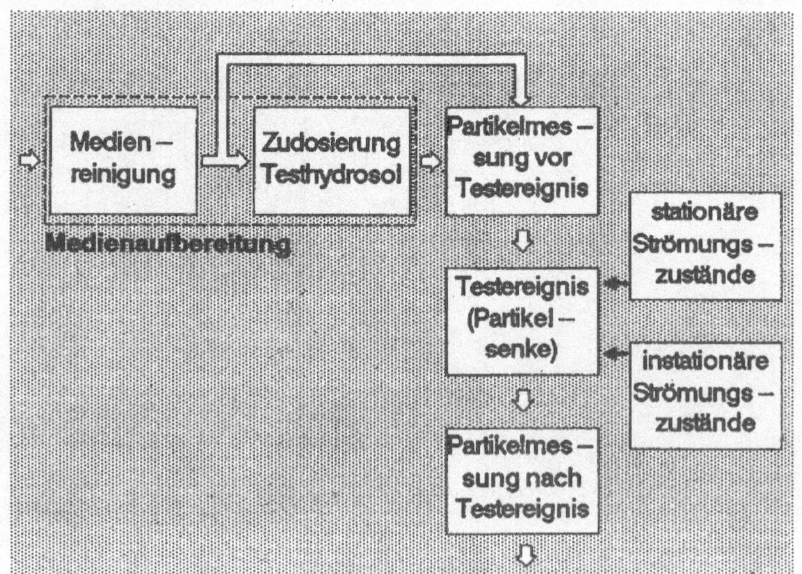

Bild 5.1.2:   Prinzip des Prüfverfahrens für Partikelsenken

Zur Erfassung des Abscheideverhaltens einer Partikelsenke werden erhöhte Hydrosolkonzentrationen aufgegeben. Dies ist Teil der Medienaufbereitung, ähnlich wie im Prüfstand für Partikelmeßgeräte (siehe 5.1.1). Um jedoch auch die potentielle Freisetzung von Partikeln durch Filter zu erfassen, kann im Prüfstand auch reines Medium aufgegeben werden.

Bild 5.1.2 zeigt das Schema des Prüfstands zur umfassenden Prüfung von Partikelsenken.

Speziell zur Erfassung der partikelfreisetzenden Eigenschaften sind die Manipulationen für stationäre und instationäre Strömungsbedingungen vorgesehen.

5.1.3 Prüfstand für Gesamtsysteme

Gesamtsysteme werden hier allgemein definiert als Kombinationen von Partikelquellen und -senken. Ein einfaches Beispiel dafür ist ein Ventil mit nachgeschaltetem Filter. Der dafür konzipierte Prüfstand ermöglicht die Untersuchung ihres Kontaminationsverhaltens bei:

- stationärer Durchströmung

- instationärer Durchströmung

- besonderer Partikelgenerierung im System (Funktionsbetätigung der enthaltenen Komponenten)

Das Prinzip entspricht dem des Prüfstandes für Partikelquellen und ist in Bild 5.1.1 gezeigt.

5.1.4 Prüfstand für Partikelmeßgeräte

In Abschnitt 3.2 wurde festgestellt, daß für die vorliegenden Meßaufgaben nur das Streulichtverfahren und die Auszählung auf Prüfmembranen einsetzbar sind. Das Auszählverfahren stellt durch seine Direktheit ein vertrauenerweckendes Referenzverfahren zur Streulichtzählung dar. Über die Gesamtfiltratmenge läßt sich aus der Partikeldichte auf der Membran deren Konzentration in der Flüssigkeit bestimmen. Außerdem können die Teilchen unter dem REM ausgemessen und so deren Größenverteilung festgestellt werden. Hier muß jedoch die Einschränkung gemacht werden, daß diese "Partikelgröße" aufgrund der unregelmäßigen Form vieler Teilchen nicht eindeutig definiert ist. Gewöhnlich wird dafür eine Länge, der Partikel-"Durchmesser", angegeben. Diese Größe definiert jedoch nur die Abmessungen einer Kugel eindeutig.

Methode / Meßgröße	Auszähl-verfahren	Zudosierung von Latexpartikeln
Partikelanzahl	Auszählung unter REM	bekannte Massenkon-zentration
Partikel-konzentration	Anzahl pro Filtratvolumen	Dosierstrom zu Gesamtstrom
Partikelgröße	Ausmessen unter REM	bekannte monodisperse Verteilung

Bild 5.1.3:   Überprüfung der Streulichtpartikelzählung durch Referenzmethoden

Neben dieser Art der Überprüfung stehen Testhydrosole mit nahezu monodisperser Größenverteilung und idealer Kugelform zur Verfügung (siehe Bild 4.2.3). Diese "Latex"-Teilchen werden industriell aus Polystyrol und ähnlichen Polymeren herge-stellt. Für ein 0,22 μm-Teilchen beträgt die Standardabweichung vom Nenndurch-messer z. B. nur 0,0065 μm /94/. Aufgrund des geringen Dichteunterschiedes z. B. zu Wasser (Latexkugeln = 1,05 g/cm^3) ist deren Sedimentation in Wasser sehr gering. Der Brechungsindex von 1,59 ist dem von "durchschnittlichen" Aerosolen (1,55) und somit auch Hydrosolen sehr ähnlich /40/. Neben der engen Größenverteilung dieser Teilchen ist deren Konzentration in den erhältlichen Suspensionen bekannt. Damit eignen sie sich zur Überprüfung sowohl des Zählwirkungsgrades als auch der Grö-ßenbestimmung in der Partikelmessung. Bild 5.1.3 gibt einen Überblick über mögli-che Überprüfungsmethoden für die Streulichtpartikelzählung. Die Überprüfung von Partikelanalysemethoden wird hinsichtlich der notwendigen Probenahme im Prüf-stand ebenfalls berücksichtigt. Das Prinzip des Prüfverfahrens /86/ ist in Bild 5.1.4 dargestellt.

Nach entsprechender Aufbereitung wird das Trägermedium mit Testhydrosolen be-kannter Größe auf eine definierte Konzentration verunreinigt. Dieser Partikelstrom wird mit dem zu prüfenden Streulichtgerät gemessen und über eine Prüfmembran abgefiltert. Auf der Membran können unter dem REM Anzahl und Größe der Teil-chen überprüft werden. Aus der Anzahl läßt sich über das Filtratvolumen die mittlere Konzentration im Flüsigkeitsstrom berechnen. Konzentration und Größenverteilung werden somit auf drei verschiedene Arten bestimmt:

a) Vorgabe durch definierte Latexzudosierung

b) Streulichtmessung

c) Auszählung und Größenbestimmung auf der Prüfmembran

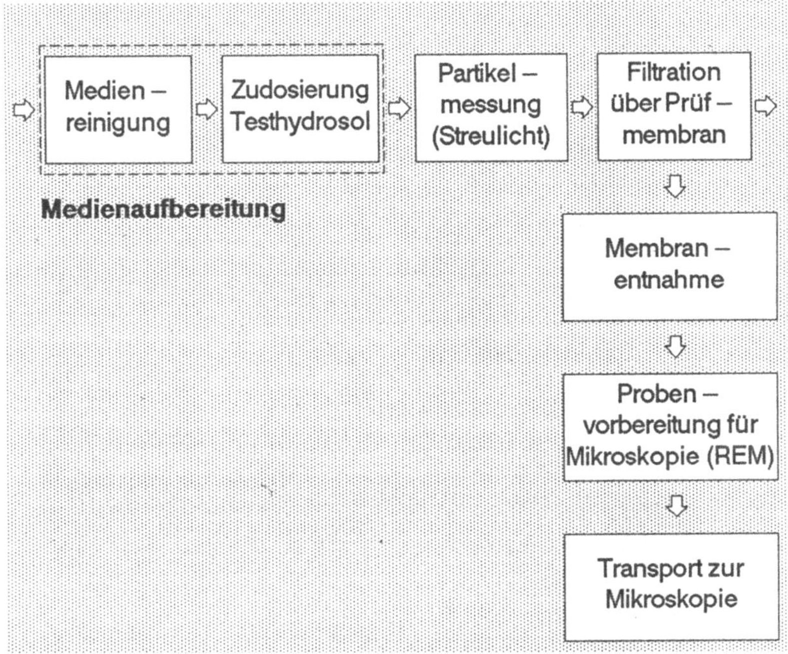

Bild 5.1.4:   Prinzip des Überprüfungsverfahrens für Partikelzählgeräte

5.1.5   Universalprüfstand

Es ist denkbar, sämtliche bisher in Abschnitt 5.1 beschriebenen Prüfstände in einem Universalprüfstand zu vereinen. Je nach Art der Prüfung sind darin unterschiedliche Medienkonditionierungen, Testereignisse und Messungen zu kombinieren. Bild 5.1.5 zeigt ein Realisierungsbeispiel für diesen Universalprüfstand als Kreislaufsystem. Das Kreislaufsystem bietet sich an, um hinsichtlich des verwendeten Mediums und der Durchflußrate variabel zu sein.

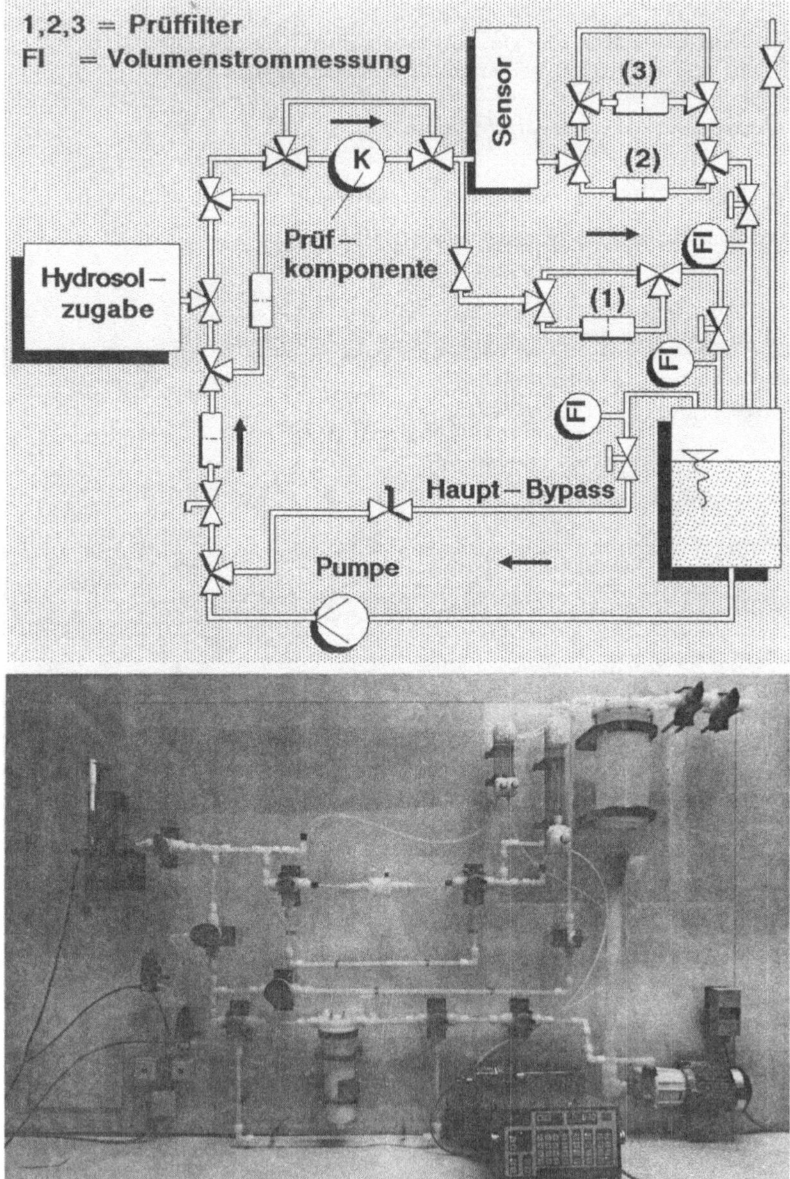

Bild 5.1.5: Realisierungsbeispiel für den Universalprüfstand als Kreislaufsystem

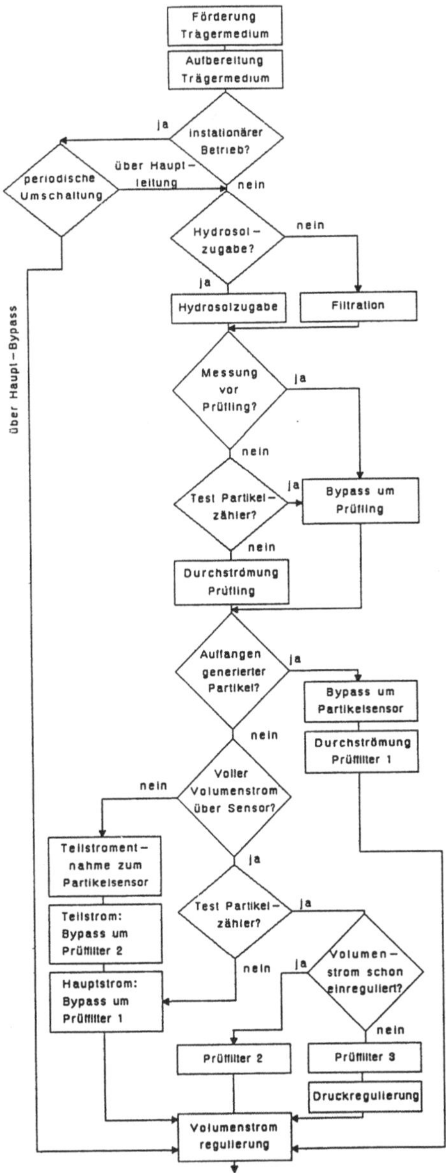

Bild 5.1.6:   Flußdiagramm für Kontaminationsuntersuchungen mit dem Universalprüfstand

Für die Durchführung der einzelnen Untersuchungen an diesem Prüfstand ist eine Vorgehensweise nach dem in Bild 5.1.6 dargestellten Flußdiagramm notwendig.

Der Prüfstand erfüllt damit alle Anforderungen nach Kapitel 4; sämtliche notwendigen Untersuchungen sind durchführbar. Der Prüfaufbau und die notwendigen Prüfabläufe weisen allerdings eine außerordentlich komplizierte Struktur auf. Eine Vielzahl von Einbauten, die für andere Prüfungen vorgehalten, in der jeweils betreffenden jedoch nicht benötigt werden, können u. U. Ablauf und Ergebnisse der Prüfungen verfälschen.

In der vorliegenden Arbeit werden zur Erprobung der einzelnen Prüfarten (5.1.1 bis 5.1.4) jeweils Teilprüfstände realisiert (Kap. 6). Für weiterführende routinemäßige Prüfaufgaben wurde nach erfolgreichem Test der Prüfkonzepte jedoch auch dieser Universalprüfstand im Detail entwickelt und gebaut, wie in Bild 5.1.6 gezeigt.

5.2 Auswahl geeigneter Materialien und Komponenten

Der Blindwert, d. h. die Partikelkonzentration in der Prüfstrecke ohne Kontaminationsereignis, muß sehr niedrig gehalten werden. Das ist nur möglich, wenn von den Komponenten des Prüfaufbaus selbst kein nennenswerter Partikeleintrag in die Testflüssigkeit ausgeht. Dies hängt wesentlich von der Auswahl der entsprechenden Materialien und Komponenten ab.

5.2.1 Medienberührende Materialien und Komponenten

Von entscheidender Bedeutung für das Erreichen niedriger Hintergrundskonzentrationen an Partikeln (Blindwert) in den Prüfständen sind die Materialien der medienberührenden Oberflächen. Generell sind folgende Eigenschaften notwendig:

– chemische Resistenz gegen die berührenden Flüssigkeiten

– geringe Rauhigkeit der Oberfläche

– Abriebsfestigkeit

Die chemische Resistenz gegenüber den Flüssigkeiten verhindert die Partikelgenerierung durch chemische Wechselwirkungen zwischen Flüssigkeit und Rohrwandungen. Hierzu sind verschiedene Untersuchungen bekannt, z. B. /28,29,35,36,37/. Generell erweisen sich Fluorpolymere als besonders resistent gegen anorganische und auch organische Flüssigkeiten (s. Abschn. 2.2.3). Vor allem Polytetrafluorethylen (PTFE), Polyvinylidenfluorid (PVDF) und Perfluoralkoxy (PFA) erreichen gute Ergebnisse.

Hinsichtlich Partikelverunreinigungen sind Rauhigkeit und Abriebsfestigkeit der Oberflächen entscheidend. Rauhe Oberflächen können folgende nachteilige Effekte verursachen:

- Partikel setzen sich in der rauhen Oberfläche fest und werden durch den Flüssigkeitsstrom abgespült

- rauhe Oberflächen weisen bei mechanischer Beanspruchung höheren Abrieb auf

Die Rauhigkeit hängt direkt von Herstellungsverfahren und Oberflächenbehandlung der Komponenten ab. Bei Kunststoffen können im Spritzgußverfahren sehr glatte Oberflächen erreicht werden. Bild 5.2.1 zeigt den Vergleich zwischen einer gespritzten PFA-Oberfläche und einer gesinterten PTFE-Oberfläche. Die geringere Rauhigkeit der gespritzten Oberfläche ist deutlich sichtbar. Unter den Fluorpolymeren hat hier PTFE den Nachteil, z. B. gegenüber PFA und PVDF, daß es nicht verspritzt werden kann.

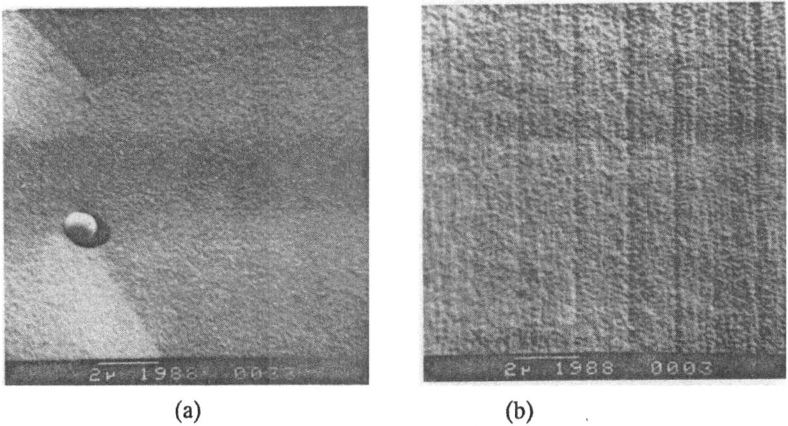

(a)   (b)

Bild 5.2.1: Oberflächen von PFA (a) und PTFE (b); REM-Aufnahmen

Ein Prüfstand muß generell eine hohe Variabilität und idealerweise Flexibilität aufweisen. Für die Auswahl der Verrohrungsmaterialien ist deshalb entscheidend, daß sämtliche notwendigen Komponenten und Dimensionen in dem Werkstoff verfügbar sind. Biegsame Schläuche sind für die unkomplizierte Realisierung und Umbauten der Prüfstände geeignet. In der vorliegenden Arbeit wird deshalb in den kritischen Bereichen der Prüfaufbauten für medienberührende Teile fast ausschließlich PFA eigesetzt. PFA ist gegen sämtliche anorganischen und organischen Flüssigkeiten hoch resistent und weist sehr glatte Oberflächen auf (Bild 5.2.1).

5.2.2 Trägermedien

Je nach ihren chemischen Eigenschaften sind verschiedene Beeinflussungen des Kontaminationsverhaltens von Medienversorgungskomponenten durch die verwendeten Träger- oder Testflüssigkeiten zu erwarten. Die Art des einzusetzenden Mediums hängt von dem Ziel der Untersuchungen ab. Es können für eine umfassende Kontaminationsuntersuchung einer bestimmten Komponente Prüfungen in verschiedenen Medien sinnvoll sein. Andererseits ist häufig der Vergleich verschiedener Komponenten in derselben Flüssigkeit gefragt.

Das Trägermedium darf auf keinen Fall das Untersuchungsergebnis verfälschen. Dies kann durch Partikelentstehung in einer Flüssigkeit, z. B. aufgrund von Ausfällung oder Kristallisation von Feststoffteilchen oder durch Bakterienwachstum, vorkommen. Letzteres ist vor allem beim Einsatz von Wasser problematisch, u. U. jedoch auch bei verschiedenen organischen Lösungsmitteln, verdünnten Säuren und Laugen. Bild 5.2.2 zeigt Wasserkeime, die aus einem Reinstwasserstrom abgefiltert wurden.

In den vorliegend beschriebenen Prüfständen und Untersuchungen wird Isopropanol oder Reinstwasser verwendet. Ziel der Untersuchungen ist jeweils der Vergleich verschiedener Komponenten

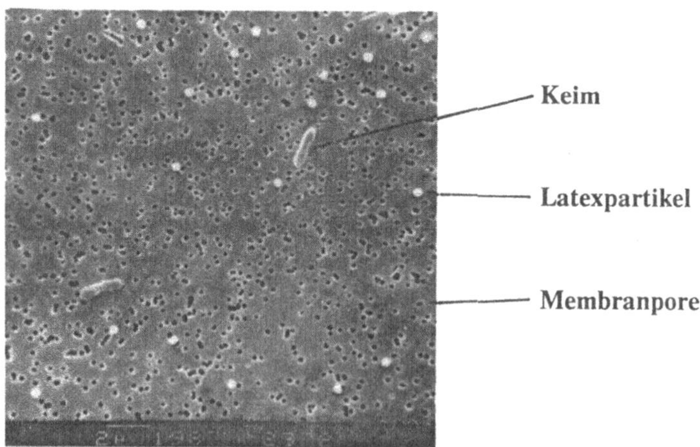

Bild 5.2.2: Wasserkeime auf Kernspurfiltermembran, abgefiltert aus einem Reinstwasserstrom

unter gleichen Bedingungen. Isopropanol verhindert Keimwachstum im Prüfstand. Es bietet sich an zur Verwendung in Kreislaufsystemen. Reinstwasser ist in Durchlaufsystemen mit geringen Durchflußraten zweckmäßig. Es ist vergleichsweise kostengünstig und ohne Rezirkulationsfiltration auf sehr niedrige Partikelkonzentrationen reinigbar.

5.3 Auswahl der Meßmethoden

Das Kernstück eines Prüfstandes zur Partikelkontamination bildet die Partikelmessung selbst. In erster Linie werden hier die Anzahl und die Größenverteilung der vorhandenen Partikel vor und nach dem Kontaminationsereignis ermittelt. Damit kann das Kontaminationsverhalten verschiedener Komponenten quantitativ verglichen werden. Um weitere Informationen über die Herkunft der Partikel und die Art ihrer Generierung zu erhalten, ist die Analyse ihrer chemischen Zusammensetzung notwendig.

5.3.1 Partikelzählung und -größenbestimmung

In Abschnitt 3.2 wurde festgestellt, daß für den in der Halbleiterfertigung relevanten Partikelgrößenbereich nur das Streulichtverfahren und die mikroskopische Partikelauszählung geeignet sind. Weiterhin erwies sich das Auszählverfahren für größere Meßreihen und Anwendungen on-line als zu aufwendig. Einige weitere entscheidende Merkmale sind in Bild 5.3.1 zusammengefaßt.

Das Kontaminationsverhalten, wie es hier untersucht wird, ist einer Reihe stochastischer Einflüsse unterworfen. Deshalb und aufgrund der statistischen Merkmale der Partikelmessung (siehe 3.2) sind lange Versuchsreihen mit zahlreichen Meßwerten notwendig. Dies schließt wegen des hohen zeitlichen und personellen Aufwandes den Einsatz des Auszählverfahrens weitgehend aus. Dieses ist allerdings dann unumgänglich, wenn sehr kleine Partikel gemessen oder quantitative Überprüfungen von Meßgeräten durchgeführt werden sollen.

Für die Untersuchungen an Partikelquellen, -senken und deren Kombination (siehe 5.1) werden in der vorliegenden Arbeit Streulichtpartikelzähler verwendet. Diese weisen nominell Meßgrenzen zwischen 0,3 und 0,4 μm auf. Die Durchflußrate beträgt zwischen 20 und 100 ml/min. Damit sind in-line-Messungen bis zu diesen Volumenströmen möglich; für höhere ist eine Teilstromentnahme notwendig.

Für die Überprüfung von Partikelmeßgeräten wird das Auszählverfahren auf Kernspurfiltern unter dem REM angewendet. Eine weitere Referenzmethode stellt die definierte Zudosierung von Latexsuspensionen in den Flüssigkeitsstrom dar.

Kriterium \ Verfahren	Streulichtverfahren	mikroskopische Auszählung
Meßgrenze	0,1 – 0,5 µm	unter 0,05 µm
meßbarer Volumenstrom	ca. 0,1 – 100 ml/min (abh. von Meßgrenze)	< 0,1 – 3,500 ml/min/cm² (abh. von Druck u. Poren – weite der Membran)
Antwortzeiten	sehr kurz	sehr lang
apparativer Aufwand	gering	sehr hoch
Bedienungs – aufwand	gering	sehr hoch
allgemeine Vorteile	– automatische online – Messung – geringer Aufwand	– direkte Meßmethode – sehr hohe Auflösung – Information über Form der Partikel – zusätzliche Partikel – analyse
allgemeine Nachteile	– indirektes Meßver – fahren – keine Information über Partikelform – Größenzuordnung ohne Berücksichtigung der Partikelform	– manuelle Bedienung – Meßergebnisse sub – jektiver Beurteilung der Bediener unter – worfen – allgemein hoher Aufwand

Bild 5.3.1: Vergleich von Streulicht- und Auszählverfahren

5.3.2   Partikelanalyse

Über die quantitative Erfassung des Partikeleintrags durch Partikelzählung und deren Größenbestimmung hinaus kann die qualitative Analyse der eingetragenen Teilchen Aufschluß über Partikelquellen in der Medienversorgung geben. Mit der Analyse ihrer chemischen Zusammensetzung ist es möglich, auf den Ursprung und Eintragsmechanismus der Teilchen in den Flüssigkeitsstrom zu schließen (siehe 3.1). Dadurch werden kontaminationstechnische Schwachpunkte an den untersuchten Komponenten und konkrete Ansatzpunkte zu deren Minimierung aufgezeigt. Bei der Auswahl des geeigneten Analyseverfahrens muß berücksichtigt werden, daß:

– die zu erwartenden chemischen Elemente nachweisbar sind

– der Analyseaufwand akzeptabel ist

Letzteres favorisiert das EDX-Verfahren. Dieses kann in ein REM integriert werden (Bild 3.2.3) und in einem Analysegang ein breites Spektrum an Elementen erfassen. Solche Geräte sind mit qualifiziertem Personal weit häufiger verfügbar als z. B. SIMS- oder AES-Geräte. Der apparative und zeitliche Aufwand für letztere Verfahren liegt wesentlich höher. Im WDX-Verfahren kann in einem Analysegang nur eine bestimmte Energielinie untersucht werden.

In der vorliegenden Arbeit werden Komponenten aus Polymeren, großteils mit Chlor- und Fluorbestandteilen, untersucht. Das Vorhanden- oder Nichtvorhandensein von Chlor und Fluor in den analysierten Partikeln gibt Aufschluß darüber, ob diese aus dem Material der Komponenten selbst oder von deren Verunreinigungen stammen. Diese Elemente sind mittels niederenergetischer EDX-Analyse gut erfaßbar. Es wird daher die EDX-Analyse in Verbindung mit der Rasterelektronenmikroskopie eingesetzt.

6 Praktische Kontaminationsuntersuchungen

Im folgenden werden die realisierten Prüfstände und -abläufe auf Basis der Konzeptionen von Kapitel 5 dargestellt. Es kommen Kreislauf- und Durchlaufsysteme zum Einsatz. Durchlaufsysteme sind zweckmäßig, wenn starke Hydrosolkonzentrationen bei den Prüfvorgängen zu erwarten sind, z. B. durch Hydrosolzugabe von außen. Sie sind jedoch nur bei Verwendung von Reinstwasser mit kleinen Durchflußraten wirtschaftlich sinnvoll.

6.1 Untersuchung der Partikelgenerierung durch Medienversorgungskomponenten

Entsprechend der Analyse möglicher Partikelquellen aus Abschnitt 3.1 wird hier der Partikeleintrag durch verschiedene kritische Komponenten untersucht.

6.1.1 Prüfstand

Bild 6.1.1 zeigt das Schema des Prüfstandes für die quantitative Untersuchung von Partikelquellen /75/. Das Kreislaufsystem ermöglicht den Einsatz unterschiedlicher Chemikalien als Trägermedium. Zum Entlüften des Kreislaufs und zur Abscheidung von Gasblasen wird in die Medienaufbereitung ein Blasenabscheider integriert.

Um mit einem solchen Apparat Blasen im Submikronbereich abzuscheiden, wären Durchmesser von mehreren Metern notwendig, was in praxi nicht realisierbar ist. Sehr kleine Gasblasen sind jedoch äußerst instabil, lösen sich schnell wieder auf oder agglomerieren zu größeren. Im vorliegenden Fall hat sich deshalb eine berechnete Abscheidegrenze von 60 μm als hinreichend erwiesen.

Die Partikelmessung vor und nach der Prüfkomponente wird durch den Partikelsensor hinter der Komponente und einen Bypass um die Komponente realisiert. Das zusätzliche "Hauptventil" erlaubt plötzliches Schließen und Öffnen des Flüssigkeitsstromes, wodurch der Prüfkomponente instationäre Betriebszustände aufgeprägt werden.

Das gesamte Leitungssystem der Prüfstrecke zwischen Filter und Partikelsensor besteht aus PFA. In der Medienaufbereitung werden auch PTFE-, PP-, Glas- und Edelstahlkomponenten verwendet. Der Filter ist aus einer PTFE-Membran und einem PP-Gehäuse aufgebaut.

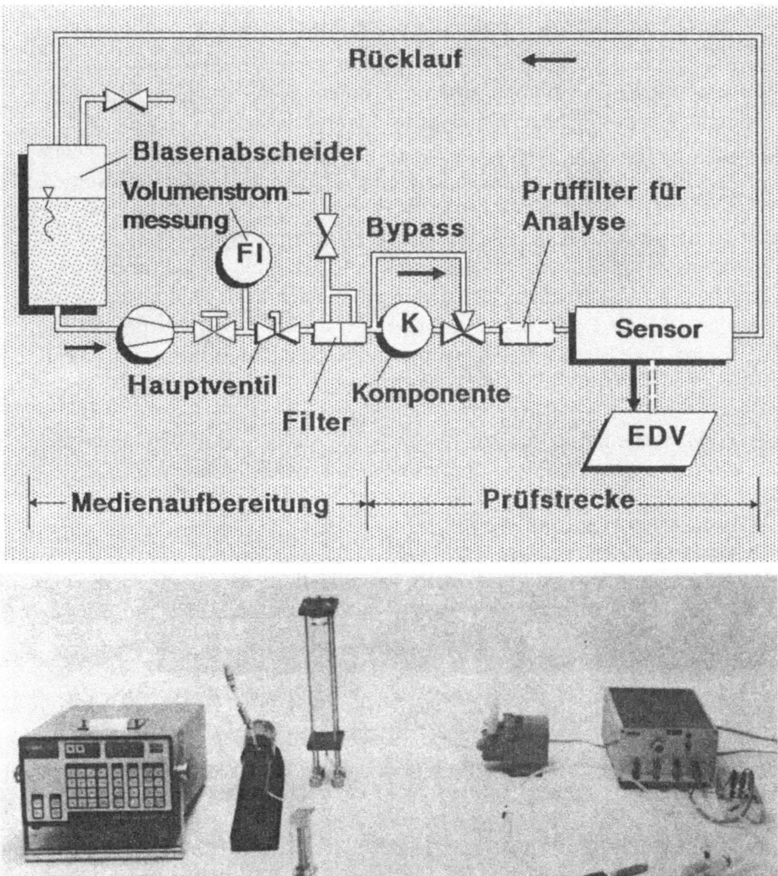

Bild 6.1.1: Schematischer und realisierter Aufbau des Prüfstandes für Partikelquellen

Zum Auffangen generierter Partikel für die Analyse der chemischen Zusammensetzung werden Kernspurfilter in den Prüfstand integriert. Dabei ist der erhöhte Druckverlust durch die Filtermembranen zu berücksichtigen.

6.1.2 Blindwertermittlung für den Prüfstand

Der Prüfstand selbst ist aus Komponenten, d. h. potentiellen Partikelquellen, aufgebaut und somit nicht völlig kontaminationsfrei. Er muß deshalb vor Beginn der Untersuchungen so weit wie möglich gereinigt (freigespült) und die verbleibende Partikelkonzentration ohne Kontaminationsereignis (Blindwert) festgestellt werden.

Der Prüfstand wird durch Spülen mit erhöhtem Volumenstrom unter gleichzeitiger Beaufschlagung der Meßstrecke mit Ultraschall (40 kHz) und periodischer Betätigung des Hauptventils gereinigt. Nach mehreren Stunden kann dadurch ein Blindwert bei unbestückter Prüfstrecke von unter 10 Partikel $> 0,4$ μm pro 100 ml erreicht werden. Eine Betätigung des Hauptventils erhöht diesen um maximal 3 Partikel $> 0,4$ μm pro 100 ml.

Nach jeder Manipulation in der Prüfstrecke (z. B. Ausbau der Prüfkomponente) muß erneut freigespült werden. Aus Zeitgründen wird der Blindwert auf

$$B = 25 \text{ Partikel} > 0,4 \text{ } \mu\text{m pro 100 ml}$$

festgesetzt. Ein Versuch wird erst begonnen, nachdem B für mindestens 30 Minuten unterschritten wurde.

6.1.3 Prüfablauf

Die Untersuchung der Komponenten beginnt mit deren Einbau in die Prüfstrecke und dem erstmaligen Freispülen. Bei letzterem werden Verunreinigungen ausgespült, die sich von Herstellung, Transport und Lagerung in den medienberührten Teilen befinden (siehe 3.1.1).

Die Spülung erfolgt jeweils bei einer Durchflußrate von 100 ml/ min. Nach Unterschreiten des Blindwertes B (25 Partikel $> 0,4$ μm pro 100 ml) ist das Freispülen abgeschlossen. Die Dauer des Vorganges und die Summe der dabei freigesetzten Partikel geben ein Maß für die Anfangsverschmutzung der Komponenten. Damit kann z. B. die Qualität der Komponentenreinigung in der Herstellung und der Grad nachfolgender Verschmutzungen beurteilt werden.

Nachdem durch Spülen der Testkomponente unter stationärer Strömung der Blindwert schon unterschritten worden ist, werden durch instationäre Strömungsbedingungen noch erhebliche Partikelzahlen freigesetzt. Durch schlagartige Änderung von Druck und Volumenstrom werden vor allem Teilchen aus schwach durchströmten Zonen herausgespült. Außerdem können dadurch Reibbewegungen zwischen medienberührenden Teilen der Testkomponenten hervorgerufen werden /75,95,96/.

Im praktischen Betrieb sind Rohrleitungssysteme solchen instationären Betriebszuständen unterworfen. Es ist daher notwendig, diese auch bei der Kontaminationsprüfung zu simulieren. Für Komponenten, die nicht selbst in den Flüssigkeitsstrom eingreifen, wird dies durch Betätigung des Hauptventils realisiert. Dadurch entstehen schlagartige Veränderungen von Druck und Volumenstrom im Leitungssystem. Mit der Zahl der so erfolgten Druckstöße wird die Testkomponente mehr und mehr gereinigt. Die Zahl der generierten Partikel pro Betätigung des Hauptventils nimmt ab.

In Bild 6.1.2 ist das Ablaufschema der Versuchsreihen mit Funktionsbetätigung (Hauptventil oder Testkomponente selbst) dargestellt. Damit kann die Anzahl der freigesetzten Partikel und die Freispüldauer nach Funktionsbetätigung in Abhängigkeit von der Anzahl der erfolgten Funktionsbetätigungen aufgenommen werden.

Ein Meßblock besteht aus einer gewissen Anzahl von Messungen der pro Funktionsbetätigung freigesetzten Anzahl von Partikeln und der Abklingzeit bis unter den

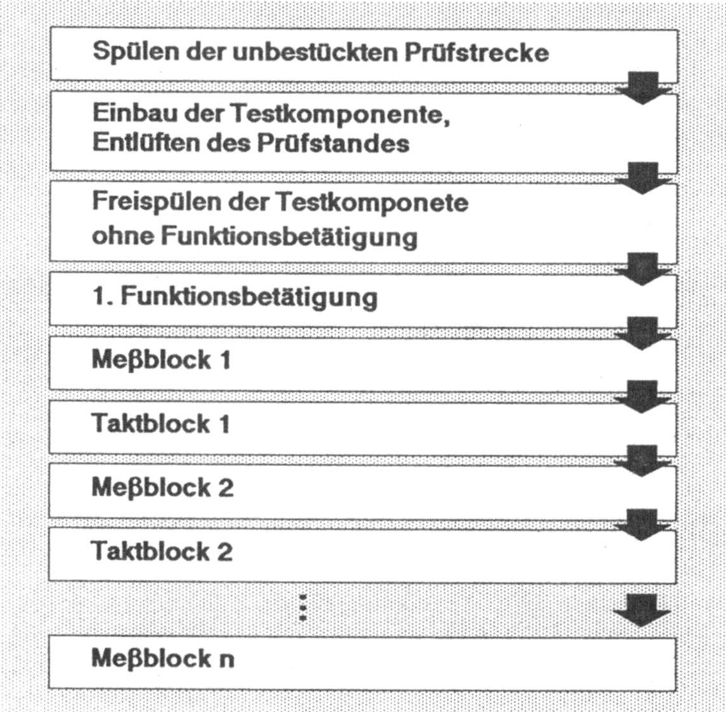

Bild 6.1.2:   Prüfablauf für Partikelquellen

Blindwert B. In den Taktblocks wird die Funktionsbetätigung periodisch wiederholt ohne Meßwertaufnahme. Die jeweils durchgeführte Anzahl von Funktionsbetätigungen pro Meß- und Taktblock hängt komponentenspezifisch vom Aufwand für eine Betätigung ab. Dadurch kommen drei verschiedene Arten von Meßreihen zustande, nämlich für:

a) automatisch angesteuerte Ventile und nicht eingreifende Komponenten (Hauptventil)

b) manuell betätigte Ventile

c) Schnellkupplungen

Beim Sammeln der generierten Partikel für deren chemische Analyse wird iterativ vorgegangen. Die Testkomponente wird zunächst z. B. 100 mal betätigt. Danach wird unter einem Lichtmikroskop geprüft, ob auf der Prüfmembran hinreichend große Partikel gesammelt worden sind. Ist das nicht der Fall, so wird der Filtrationsvorgang mit bis zu mehreren 1000 Funktionsbetätigungen der Testkomponente wiederholt. Ist unter dem Lichtmikroskop eine gewisse Anzahl an großen Partikeln festgestellt worden, so wird die Membran für das REM vorbereitet und die Partikel analysiert. Die Partikel werden dann als hinreichend groß angesehen, wenn ihr kleinster Durchmesser ca. 10 μm aufweist.

6.2 Untersuchung von Flüssigkeitsfiltern

Als Gegenstück zu den potentiellen Partikelquellen in einem Versorgungssystem werden hier Filter in erster Linie als Partikelsenken angesehen. Es wird daher die Änderung der Partikelkonzentration im Flüssigkeitsstrom bei Durchströmen von Filtermembranen untersucht.

6.2.1 Prüfstand

Bild 6.2.1 zeigt das Schema des Prüfstandes zur Untersuchung von Partikelsenken.

Wegen der hohen Hydrosolzugabe wird das Trägermedium nicht im Kreis gefahren. Das Hauptventil ist zur Aufprägung instationärer Betriebsbedingungen installiert.

Dieser Prüfstand kann unter der Voraussetzung, daß zum Abfangen der hohen zugegebenen Hydrosolkonzentrationen eine hinreichende Filtertechnik installiert wird, auch als Kreislaufsystem aufgebaut werden. Dies ist vor allem bei höheren Durchflußraten sinnvoll.

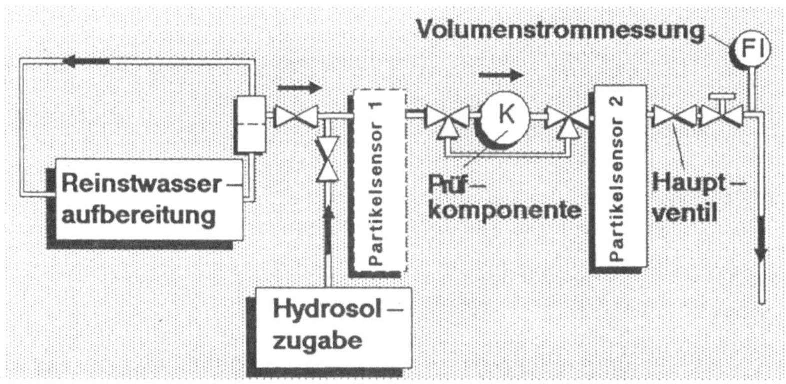

Bild 6.2.1:   Schematischer und realisierter Aufbau des Prüfstandes für Partikelsenken

6.2.2   Untersuchung des Filterverhaltens bei definierter Hydrosolzugabe

Zunächst werden die Testfilter mit definierten Konzentrationen von Partikeln bekannter Größe, Form und Beschaffenheit beaufschlagt. Dies wird mit Latexpartikeln über eine Perfusorpumpe realisiert (siehe auch 6.4). Damit ist es möglich, verschiedene Filter unter denselben Bedingungen reproduzierbar zu testen. Für diesen Test wird eine polydisperse Suspension von Latexteilchen in Wasser aus verschiedenen monodispersen Fraktionen gemischt.

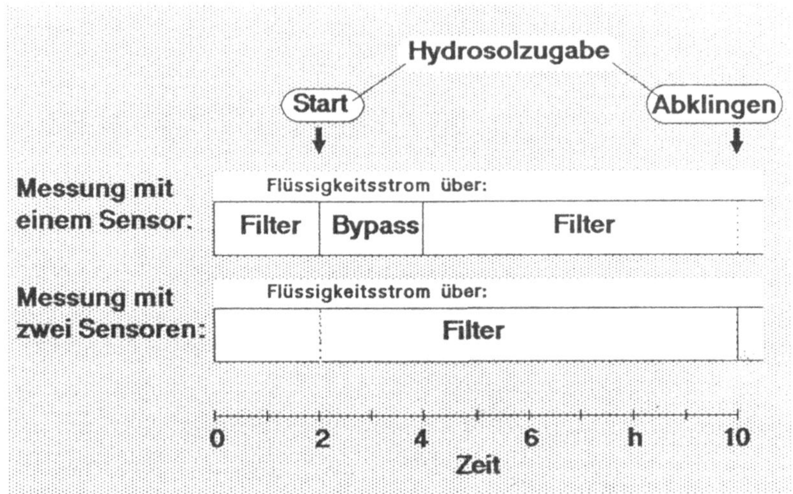

Bild 6.2.2: Zeitlicher Ablauf der Filterprüfungen bei Messung mit einem oder zwei Sensoren

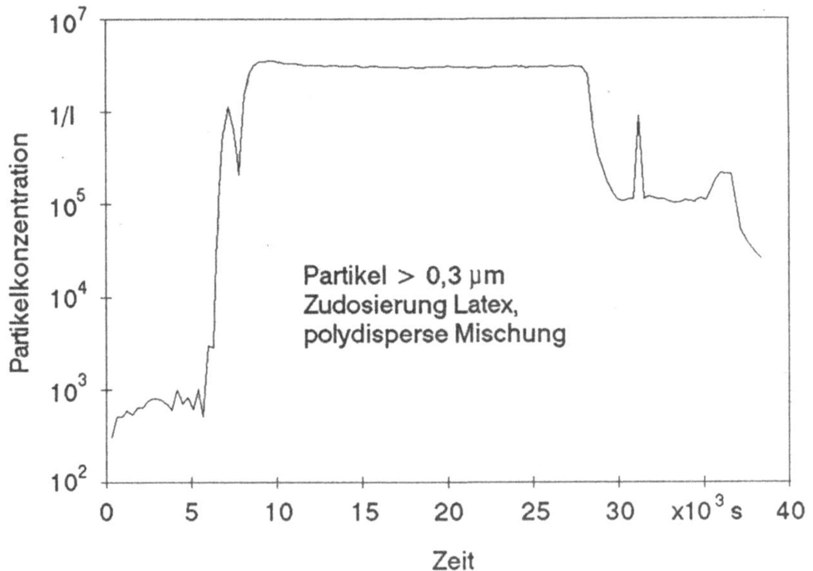

Bild 6.2.3: Zeitlicher Verlauf der Latexkonzentration vor dem Testfilter

Die Versuchsdurchführung erfolgt in zwei verschiedenen Konfigurationen des Prüfstandes. Einmal wird mit zwei verschiedenen Partikelsensoren vor und hinter dem Filter gemessen. Das andere Mal wird nur hinter dem Filter gemessen und die Partikelkonzentration vor dem Filter dem Sensor eine gewisse Zeit lang über einen Bypass zugeführt. In Bild 6.2.2 ist der Versuchsablauf der Filtertests für die Messung mit zwei Sensoren bzw. einem Sensor dargestellt.

Die Konzentration der Mischsuspension vor dem Testfilter wird so hoch wie möglich, jedoch unterhalb des Koinzidenzbereiches der Partikelzähler, eingestellt. Bild 6.2.3 zeigt beispielhaft den zeitlichen Verlauf der Partikelkonzentration vor dem Filter. Es ist ersichtlich, daß über einen Zeitraum von bis zu 8 Stunden eine gleichmäßige Filterbeaufschlagung möglich ist.

Latexpartikel stellen durch ihre regelmäßige Kugelform und das homogene Material einen Sonderfall eines Hydrosols dar. Zur Simulation realer Kontaminationsverhältnisse werden deshalb zusätzliche Versuchsreihen durchgeführt. In diesen wird der Testflüssigkeit statt Latexsuspension ein Teilstrom un- bzw. nur grobgefilterten Stadtwassers zugegeben.

6.3 Kontaminationsuntersuchungen an Gesamtsystemen

Bei der Untersuchung von Gesamtsystemen interessiert, ob durch diese Systeme die Partikelanzahl im Fluid insgesamt erhöht wird oder nicht. Damit können sie wie potentielle Partikelquellen behandelt werden, es ist z. B. keine Hydrosolzugabe notwendig.

Als repräsentative Beispiele werden aus den zahllosen möglichen Kombinationen von partikelgenerierenden Komponenten und Filtern Extreme herausgegriffen. Sie bestehen aus je einem Ventil und einem Filter, wie sie normalerweise in Versorgungssystemen innerhalb von Prozeßgeräten eingesetzt werden.

6.3.1 Prüfstand

Da bei der Prüfung von Gesamtsystemen nur sehr geringe meßbare Partikelkonzentrationen zu erwarten sind, wird hier nach der Medienaufbereitung zusätzlich filtriert und das Trägermedium nicht im Kreis gefahren. Damit ergibt sich der in Bild 6.3.1 dargestellte Prüfstand. Als Trägermedium wird Reinstwasser verwendet.

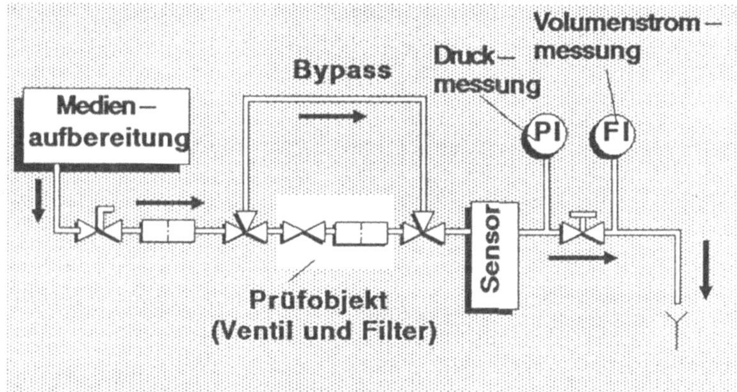

Bild 6.3.1: Schematischer und realisierter Aufbau des Prüfstandes für Gesamtsysteme

6.3.2 Prüfablauf

In dem hier verwendeten Durchlaufsystem ist die erreichbare Hintergrundpartikelkonzentration niedrig, jedoch gewissen Schwankungen von der Reinstwasseraufbereitung her unterworfen. Der Blindwert wird daher jeweils über mehrere Stunden gemessen und für die Versuchsauswertung gemittelt.

Danach erfolgt die Prüfung der eventuellen Erhöhung der Partikelkonzentration durch die Kombination Ventil/Filter bei:

a) stationärer Durchströmung

b) Aufgabe von Druckstößen

c) Betätigung des Ventils

Damit sind sämtliche Prüfkriterien, die auch an Einzelkomponenten angelegt werden (6.1), abgedeckt.

Jede dieser Einzelprüfungen geht über mehrere Stunden. Druckstöße (Betätigung des Hauptventils) und die Betätigung des Prüfventils erfolgen jeweils kontinuierlich mit einer Frequenz von ca. 1 Hz. Während dieser Zeit wird die Partikelkonzentration hinter dem zugehörigen Filter ebenfalls kontinuierlich aufgenommen.

6.4 Überprüfung von Partikelmeßgeräten

Für die Prozeßflüssigkeiten der Halbleiterfertigung geeignete Partikelmeßgeräte werden mit den in Abschn. 5.4 beschriebenen Referenzmethoden überprüft. Die Überprüfungen werden mit Reinstwasser als Trägermedium durchgeführt /86/.

6.4.1 Prüfstand

Bild 6.4.1 zeigt das Schema des Prüfstandes für Partikelmeßgeräte. Hinter der Reinstwasseranlage steht das Trägermedium mit einem Blindwert an Partikelkonzentration von weniger als 5 Partikeln $> 0,2$ μm/ml zur Verfügung. Der Flüssigkeit werden definiert Hydrosolsuspensionen zugegeben. Die Partikelkonzentration mit und ohne Latexzugabe kann gleichzeitig mit mehreren Partikelzählgeräten gemessen und über Testmembranen für das Auszählverfahren gefiltert werden. Zur Anpassung der notwendigen Flußraten ist Serien- und Parallelanordnung der Partikelzähler möglich.

Ein zweiter Prüffilter parallel zu dem eigentlichen ist zur Einstellung der Druck- und Volumenstromverhältnisse vor Filtrationsbeginn notwendig. Das gesamte Leitungssystem ist aus PFA- und PTFE-Komponenten mit 6,35 mm (1/4") Außen- und 3,6 mm Innendurchmesser aufgebaut. Prüffiltergehäuse und -membran bestehen aus Polycarbonat.

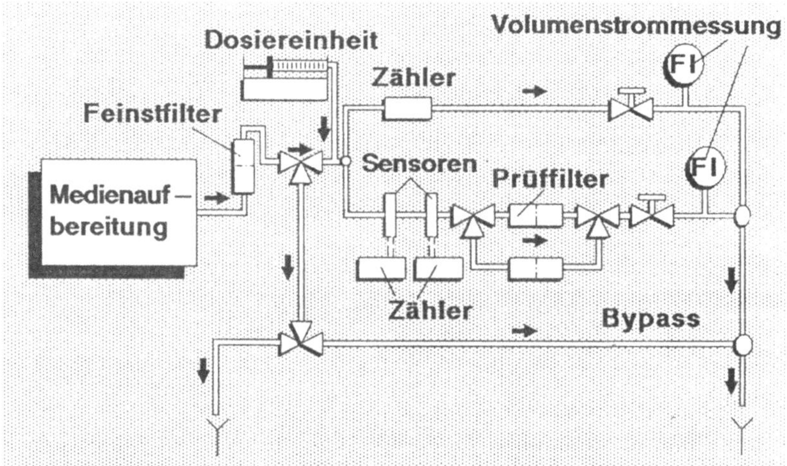

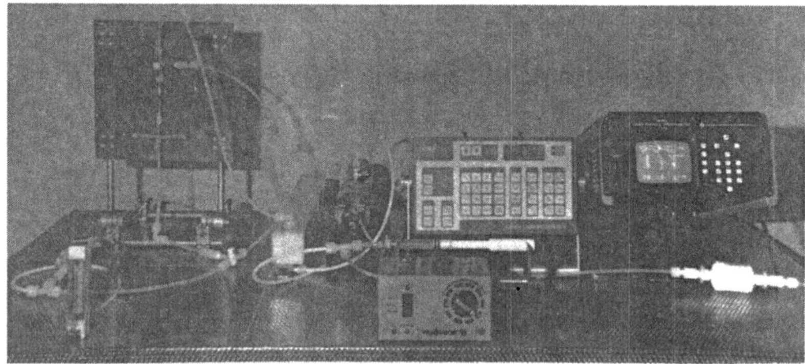

Bild 6.4.1: Schematischer und realisierter Aufbau des Prüfstandes für Partikelmeßgeräte

6.4.2 Definierte Flüssigkeitskontamination mit monodispersen Hydrosolen

Als Referenzhydrosole zur definierten Kontamination der Testflüssigkeit werden monodisperse "Latex"-Partikel verwendet. Die Suspensionen werden auf eine bestimmte Konzentration vorverdünnt und über eine Perfusorpumpe aus der

Medizintechnik dem Strom der Testflüssigkeit beigemischt. Die Hydrosolkonzentration nach der Beimischung errechnet sich aus:

$$c_3 \;=\; c_1 \frac{\dot{V}_1}{\dot{V}_3} + c_2 \frac{\dot{V}_2}{\dot{V}_3} \qquad\qquad (6.4.1)$$

mit:

$\dot{V}$ =   Volumenstrom

c =   Partikelkonzentration

Indizes:

1   =   gereinigte Testflüssigkeit

2   =   konzentrierte Hydrosolsuspension

3   =   definiert verunreinigte Testflüssigkeit

Die so erzeugten Hydrosolkonzentrationen c_3 werden auf 500 bis 10.000 Partikel/ml eingestellt. Der Blindwert des Prüfstandes c_1 von maximal 5 Partikeln/ml ist somit in der Auswertung vernachlässigbar.

6.4.3   Partikelauszählung auf Membranfiltern

Für das Auszählverfahren werden Kernspurmembranen aus Polycarbonat mit 25 mm Durchmesser in Polycarbonat-Filtergehäusen verwendet. Die Porengröße ist den verwendeten Latexdurchmessern angepaßt.

Entsprechend den statistischen Erwägungen aus Abschnitt 3.2 werden jeweils 30 Felder mit jeweils mindestens 20 Partikeln ausgezählt. Die notwendige Partikeldichte auf der Prüfmembran (D_P) ergibt sich daraus zu:

$$D_P \;=\; \frac{30}{A_{REM}} \qquad\qquad (6.4.2)$$

Somit läßt sich die notwendige Filtrationszeit t_{Fi} über die Membran berechnen durch:

$$t_{Fi} \;=\; \frac{30 \cdot A_{Fi}}{c_p \cdot \dot{V}_F \cdot A_{REM}} \qquad\qquad (6.4.3)$$

mit:

A_{Fi} = effektive Membranfilterfläche

c_p = Partikelkonzentration in der Testflüssigkeit

$\dot{V}_F$ = Flüssigkeitsvolumenstrom

A_{REM} = Bildfläche unter dem REM

Nach Beendigung der Filtration wird die Prüfmembran unter Reinraumbedingungen (mindestens Klasse 100 nach Federal Standard 209 /97/) aus dem Gehäuse entnommen und für die Rasterelektronenmikroskopie in einer Kathodenzerstäubungsanlage mit Gold beschichtet.

6.4.4   Prüfablauf

Zur Überprüfung automatischer Streulichtpartikelzähler für Flüssigkeiten werden deren Meßergebnisse mit dem zugegebenen Latexpartikelstrom (6.4.2) und den Ergebnissen des Auszählverfahrens (6.4.3) verglichen. Die Auswahl der Latexgrößen erfolgt entsprechend der Meßgrenze, Größeneinteilung und Auflösung der Meßgeräte.

Grundsätzlich erfolgt die Überprüfung hinsichtlich Größenklassifizierung (qualitative Überprüfung) und Zählwirkungsgrad (quantitative Überprüfung) der Meßgeräte. Die qualitative Überprüfung allein erfordert nur einen Teil des oben beschriebenen Aufwandes. Es muß dabei nur die Größe, nicht die Konzentration der zugegebenen Latexpartikel bekannt sein. Allerdings ist darauf zu achten, daß die Konzentration unterhalb des Koinzidenzbereiches gehalten wird (siehe 3.2.5), da sonst Fehler bei der Größenzuordnung auftreten können. Für schnelle Abschätzungen wird geprüft, ob der Durchmesser der jeweiligen Prüflatizes in dem entsprechenden Größenkanal des Zählgerätes liegt. Über die Anzahlverteilung in den benachbarten Kanälen kann die Abweichung berechnet werden.

Für die quantitative Überprüfung (Zählwirkungsgrad) ist die genaue Kenntnis der Partikelkonzentration im Flüssigkeitsstrom notwendig. Diese wird durch Latexzugabe voreingestellt und durch die Auszählung auf Prüfmembranen überprüft.

7 Untersuchungsergebnisse

Im folgenden werden die Ergebnisse der Kontaminationsuntersuchungen mit den konzipierten Prüfständen dargelegt und erläutert.

7.1 Partikelgenerierung durch Medienversorgungskomponenten

Untersuchungsobjekte im Prüfstand für Partikelquellen waren Ventile, Schnell-kupplungen und verschiedene Komponenten, die den Medienstrom nicht unterbre-chen /75/. In Bild 7.1.1 sind die Hauptmerkmale einiger Prüflinge zusammengefaßt, deren Untersuchungsergebnisse im folgenden beispielhaft vorgestellt werden. Bis auf den Filter F1 (NPT 3/8") weisen sämtliche Testkomponenten das Anschlußmaß 1/4" NPT auf.

Prüfling	Kurzbezeichnung	Betätigung	Funktionsweise/Dim.	Werkstoff
Ventil 1	V1	pneumatisch	Membran	PVC/EPDM
Ventil 2	V2	pneumatisch	Membran	PFA
Ventil 3	V3	elektromagn.	Schieber	PTEF
Ventil 4	V4	elektromagn.	Membran	PFA
Ventil 5	V5	pneumatisch	Membran	PFA
Ventil 6	V6	manuell	Nadel	PVDF
Ventil 7	V7	manuell	Membran	PFA
Ventil 8	V8	manuell	Kükenhahn	PFA/PTFE
Rohrleitung	R1		1m Länge ø außen 1/4" innen 3,6 mm	PFA
Durchflußmesser	D1		Schwebekörper	PVDF; Glas; Edelstahl
Filter 1	F1		plessierte Membran, 771 cm^2 Filterfläche	Gehäuse: PP Membran: PTFE
Filter 2	F2		Membranscheibe 17,3 cm^2 Filterfläche	Gehäuse: PP Membran: PA

Bild 7.1.1:   Ausgewählte Testkomponenten

7.1.1 Spülvorgänge

Die Anzahl der ausgespülten Partikel ist ein direktes Maß für den absoluten Verschmutzungsgrad der Komponenten vor Testbebeginn. Dieser ist abhängig vom gesamten Werdegang des Teils von der Herstellung bis zur Installation in das Versorgungssystem. Die notwendige Dauer zum Ausspülen der Verschmutzung hängt zudem von der "Spülbarkeit" der Komponente ab.

Diese wird bestimmt durch:

- Größe der medienberührenden Fläche

- Oberflächenbeschaffenheit

- Vorhandensein von schwach durchspülten Zonen

- Strömungsführung durch die Komponente

In Bild 7.1.2 sind die Ergebnisse der Freispülvorgänge für die Testkomponenten aufgeführt. Die Zahl der freigesetzten Partikel liegt zwischen 1.700 und 113.000. Zum Spülen bis auf den Blindwert waren zwischen 11 und 245 Minuten notwendig. Dies zeigt die Unterschiede an Anfangsverschmutzung und Freispülbarkeit der getesteten Komponenten auf.

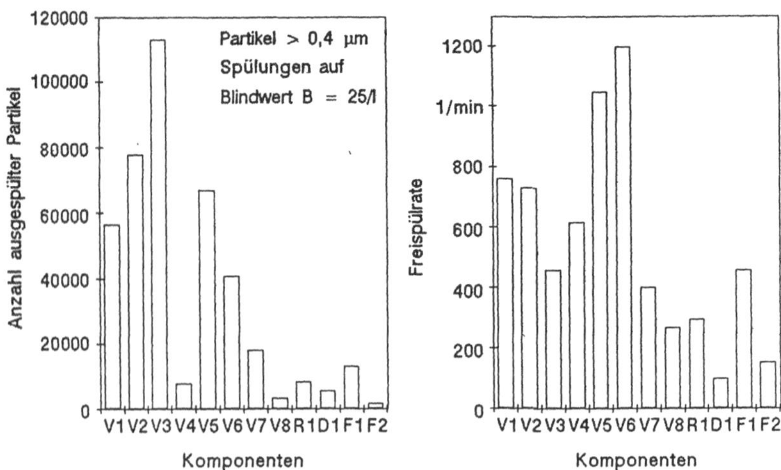

Bild 7.1.2:   Ergebnisse der Freispülvorgänge

Unter der Voraussetzung gleicher Größe der medienberührenden Oberflächen und gleich guter Freispülbarkeit der verschiedenen Komponenten ist zu erwarten, daß die angegebene Freispülrate proportional zu der Zahl der freigesetzten Partikel ansteigt. Wird von derselben Fläche eine größere Anzahl von Partikeln abgespült, so war die Fläche zuvor dichter mit Partikeln belegt. Diese höhere Partikeldichte bietet der strömenden Flüssigkeit eine höhere Angriffsfläche und erhöht die Freispülwirkung (siehe 3.1.1). Damit steigt die Freispülrate an. Dieser Effekt wird z. B. durch den Vergleich der Spülergebnisse an den Membranventilen V4 und V5 bestätigt. Diese Ventile sind abgesehen von der Art der Betätigung, die dabei keine Rolle spielt, vollkommen baugleich. Die sehr viel höhere Anfangsverschmutzung von V5 (67.128 gegenüber 8.028 Partikeln) verursacht eine deutlich höhere mittlere Freispülrate (1.049 gegenüber 618 Partikel/min).

Das Nadelventil V6 weist gegenüber dem Membranventil V7 z. B. eine dreifach höhere Freispülrate auf (Bild 7.1.2). Obwohl aus V6 insgesamt wesentlich mehr Teilchen freigesetzt wurden, war die Spüldauer deutlich geringer. Dazu kommt, daß V6 eine geringere medienberührte Oberfläche aufweist. V6 ist also eindeutig besser freispülbar als V7. Dies läßt sich auf die glattere Oberfläche von V6 zurückführen. Dieses Ventil wurde im Spritzgußverfahren hergestellt, der Ventilkörper von V7 dagegen mechanisch aus dem Vollmaterial herausgearbeitet. Entsprechend den Analysen von Abschn. 3.1 ist anzunehmen, daß auch die vorhandenen schwach durchströmten Zonen in den Komponenten diese Freispülrate wesentlich beeinflussen.

7.1.2 Partikelgenerierung durch Druckstöße

Bild 7.1.3 zeigt die Reaktion von Filtern, Rohrleitung und Durchflußmesser (siehe Bild 7.1.1) auf Druckstöße. Es ist die Anzahl der pro Druckstoß generierten Partikel in Abhängigkeit von der Zahl der bereits erfolgten Druckstöße aufgetragen. Außer dem ersten wurden alle Meßwerte aus 10 Messungen gemittelt. Die Abweichung der Zählerergebnisse vom Mittelwert liegt zwischen $\pm 10\,\%$ und $\pm 50\,\%$ im 95%-Vertrauensbereich (Formeln 7.4.2 bis 7.4.4). Bei sehr geringem Partikeleintrag kamen vereinzelt auch höhere Abweichungen vor.

Die Zahlen in Klammern sind die entsprechenden Abklingzeiten der verursachten Partikelkonzentration auf den Blindwert. Die Zahl A1 gibt den mittleren Anteil an Partikeln $> 1\,\mu m$ an, ein Hinweis auf die Partikelgrößenverteilung.

Es zeigt sich, daß die Filter F1 und F2 und der PFA-Schlauch R1 durch 100 bis 200 Druckstöße vollkommen freigespült werden konnten. Aufgrund der wesentlich größeren Membranfläche (siehe Bild 7.1.1) wurden aus dem Filter F1 länger mehr Partikel herausgelöst als aus F2. Der Schwebekörperdurchflußmesser D1 konnte selbst durch 1000 Druckstöße nicht völlig freigespült werden. Zwischen dem 100sten und dem 1000sten Stoß wurden allerdings nur noch Partikel im untersten Kanal des Partikelzählers (Durchmesser 0,4 bis 1 μm) gezählt. Es ist anzunehmen, daß dieser Langzeitpartikeleintrag von Partikelgenerierung durch mechanische Einwirkung herrührt. Zwischen Schwebekörper und Meßrohr finden Reibbewegungen statt, die dazu führen.

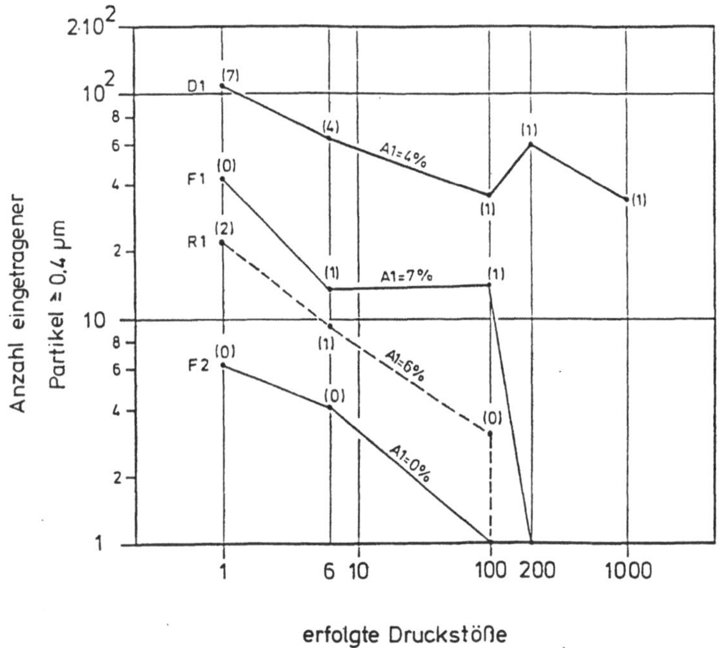

Bild 7.1.3:   Partikeleintrag durch Druckstöße

7.1.3   Partikelgenerierung durch Funktionsbetätigung

Bild 7.1.4 zeigt die Gesamtzahl der Partikel, die durch Funktionsbetätigung bei den getesteten Ventilen generiert wurden. Die Abweichung der Zählwerte vom Mittelwert liegt ebenfalls bis auf wenige Ausnahmen bei kleiner Partikelkonzentration, zwischen ± 10 % und ± 50 % im 95%-Vertrauensbereich.

Vier der fünf verglichenen Ventile sind Membranventile, drei davon komplett aus PFA (V2, V4, V5), eines aus PVC mit EPDM-Membran (V1). Alle PFA-Ventile wiesen geringere Partikelgenerierung auf als das PVC/EPDM-Ventil. Die beiden saubersten (V4, V5) sind identisch bis auf die pneumatische Betätigung bei V5 und die elektromagnetische bei V4. Letztere geht wesentlich abrupter vor sich, was offensichtlich zu höherer Partikelgenerierung führt.

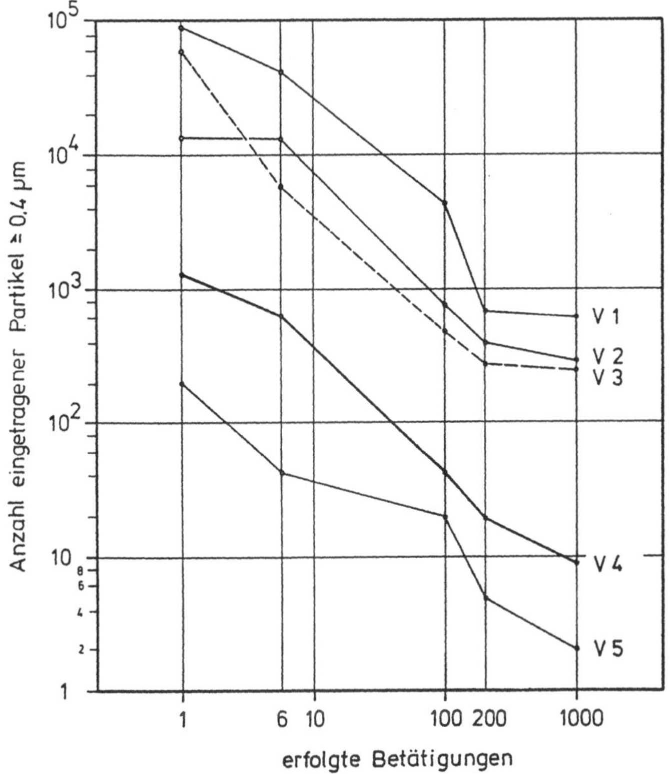

Bild 7.1.4:   Partikeleintrag durch Funktionsbestätigung automatischer Ventile

Diese beiden Ventile wurden im Spritzgußverfahren hergestellt. Sie weisen dadurch sehr glatte Oberflächen auf (siehe Bild 7.1.5a), was sich positiv auf das Kontaminationsverhalten auswirkt. Das dritte PFA-Ventil (V2) war durch mechanische Bearbeitung des Vollmaterials hergestellt worden. Dies führt zu weniger glatten Oberflächen. Die negativen Auswirkungen dessen sind deutlich ersichtlich.

Das fünfte Ventil von Bild 7.1.4 (V3) besteht aus PTFE. Seine Funktion basiert auf der Hin- und Herbewegung eines Schiebers (Schieberventil, siehe Bild 7.1.5b). Es finden darin Reibbewegungen im Medienstrom statt, was zu Partikelabrieb führt.

In Bild 7.1.6 sind die Abklingzeiten der Partikelkonzentration auf den Blindwert B nach Betätigung der automatischen Ventile V1 bis V5 dargestellt. Auch hier zeigen die gespritzten PFA-Ventile das beste Verhalten.

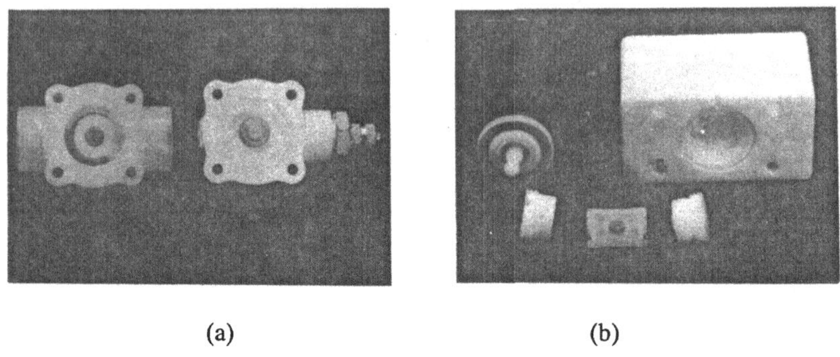

(a)   (b)

Bild 7.1.5: Geprüfte automatische Ventile V4, V5 (a) und V3 (b)

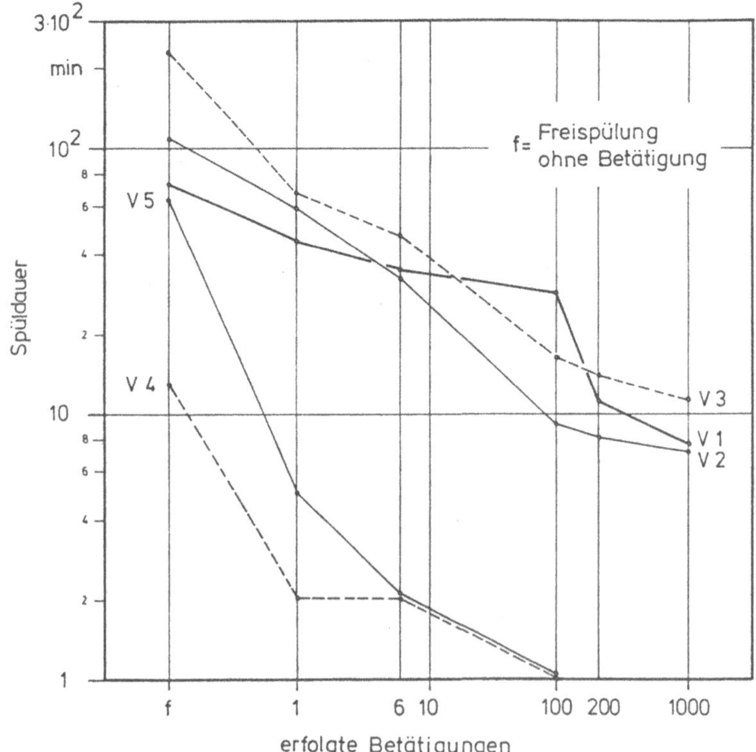

Bild 7.1.6: Abklingzeit der Partikelkonzentration nach Funktionsbetätigung für automatische Ventile

Bild 7.1.7 zeigt den Vergleich des Partikeleintrags durch manuelle Ventile (Dosierventile). Auch hier bestehen die beiden besseren Ventile aus PFA (V7 und V8). Das sauberste (V8) ist ein Kükenhahn mit gespritztem PFA-Körper und PTFE-Küken. V7 wurde mechanisch aus dem Vollmaterial hergestellt. Das dritte und schmutzigste Ventil dieser Reihe ist ein PVDF-Nadelventil, dessen Spindel medienberührt ist. Diese Konstruktion weist eine Reihe schlecht durchspülter Zonen und reibender Flächen auf. Beides erhöht den Partikeleintrag.

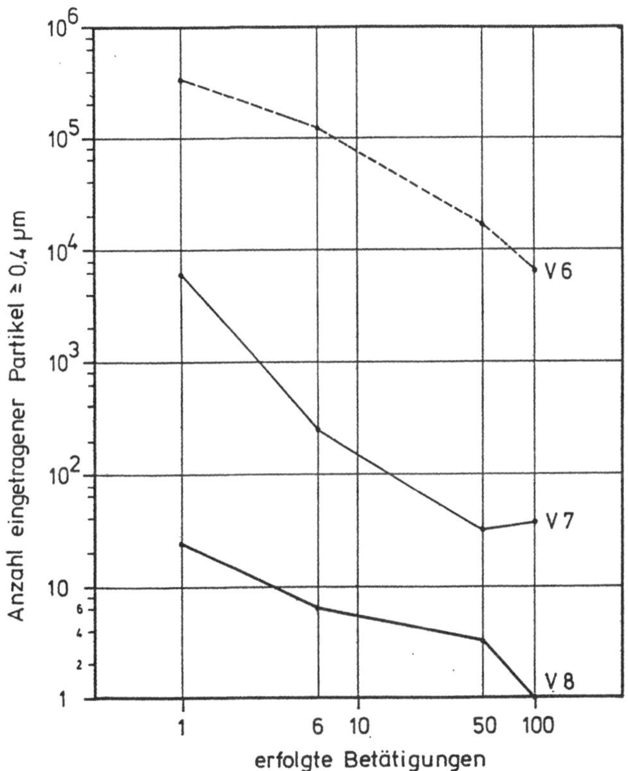

Bild 7.1.7:   Partikeleintrag bei Betätigung manueller Dosierventile

In Bild 7.1.8 sind die Abklingzeiten der Partikelkonzentration nach Funktionsbetätigung der manuellen Ventile aufgetragen. Auch hier zeigt V8 eindeutig die saubersten Eigenschaften. Die Spindel des Nadelventils V6 war zu Beginn geschmiert.

Das Ausspülen des Schmiermittels mit den ersten Funktionsbetätigungen und dadurch verändertes Abriebsverhalten sind wohl verantwortlich für die ungewöhnliche Kurve von V6.

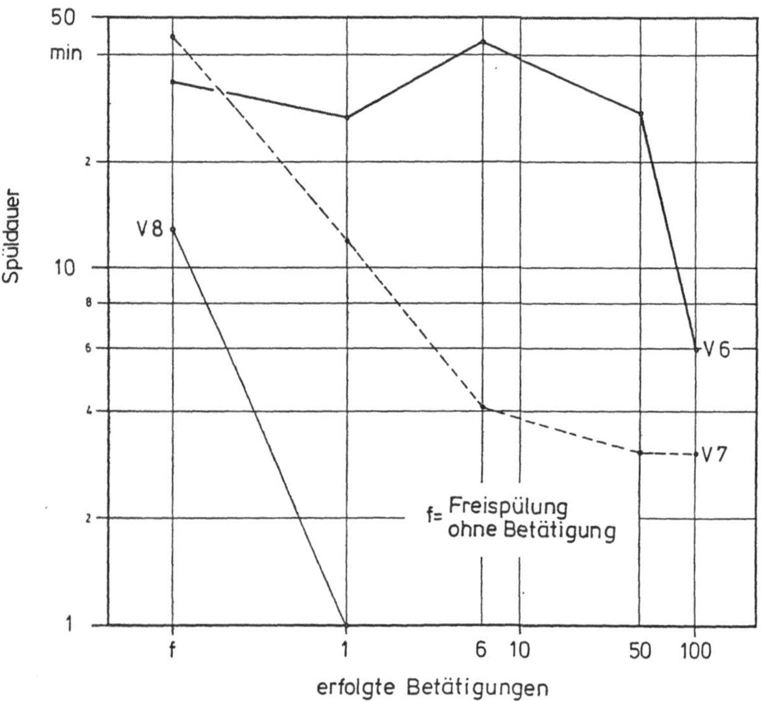

Bild 7.1.8: Abklingzeit der Partikelkonzentration nach Betätigung manueller Dosierventile

7.1.4 Partikelanalyse

Die chemische Analyse der durch Ventilbetätigungen eingetragenen Partikel brachte weiteren Aufschluß über deren Entstehung. Bild 7.1.9 zeigt die EDX-Spektren für typische Partikel aus den Ventilen V2, V1 und V3.

Von V2 wurden fast ausschließlich Siliziumoxid-Teilchen gefunden. Das Ventil besteht vollkommen aus PFA, so daß die Partikel nicht aus dessen Material stammen können. Sie wurden also ab- oder ausgespült. Diese nachhaltige Ausspülung ist möglich durch die rauhe, mechanisch bearbeitete Oberfläche des Ventils und korrespondiert mit den Ergebnissen aus der Partikelzählung (Abschnitt 7.1.3). Die Rauhigkeit stellt also eine nachhaltige Partikelquelle dar (vergl. 3.1.1).

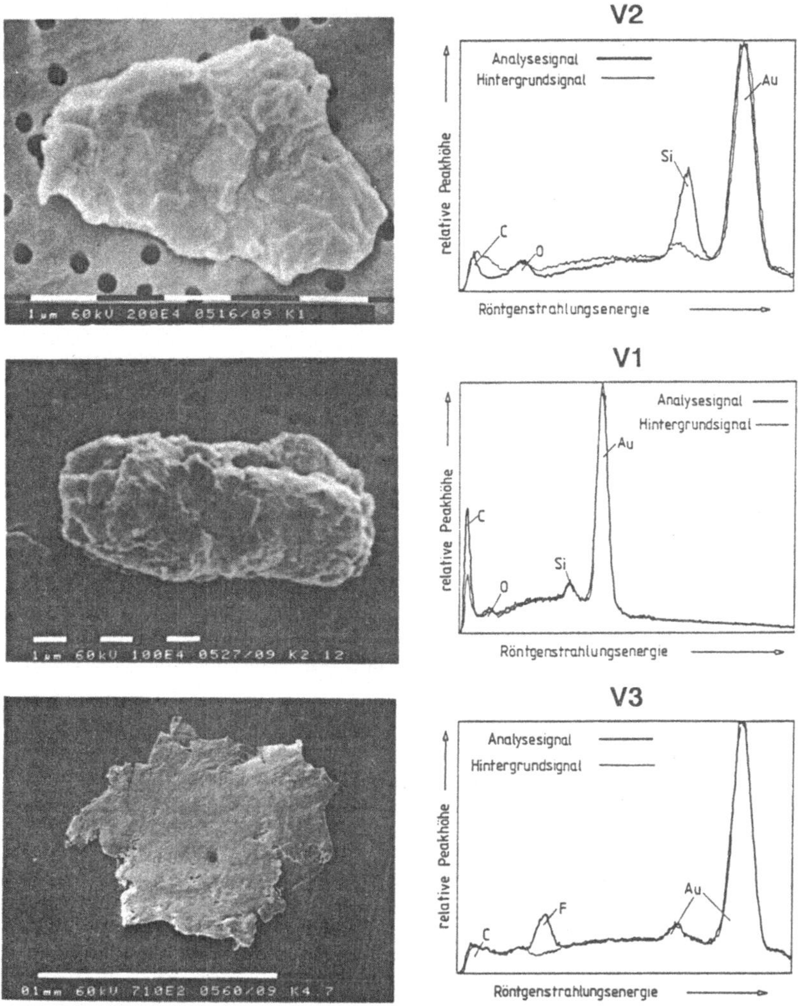

Bild 7.1.9: REM-Aufnahmen und EDX-Analysen von Partikeln aus automatischen Ventilen

Die Analyse der Partikel aus V1 brachte keinerlei Chlor zum Vorschein, so daß sie nicht aus dem PVC-Körper des Ventils stammen können. Es wurde hauptsächlich Kohlenstoff gefunden. Auch das Zink, das im Material der Ventilmembran festgestellt wurde (Bild 7.1.10), kam nicht zum Vorschein. Ohne den Zink-Peak, der u. U. von Verunreinigungen auf der Membran herrührte, wäre das Spektrum des Partikels dem der Membran ähnlich. Es besteht die Möglichkeit, daß es sich daraus gelöst hat.

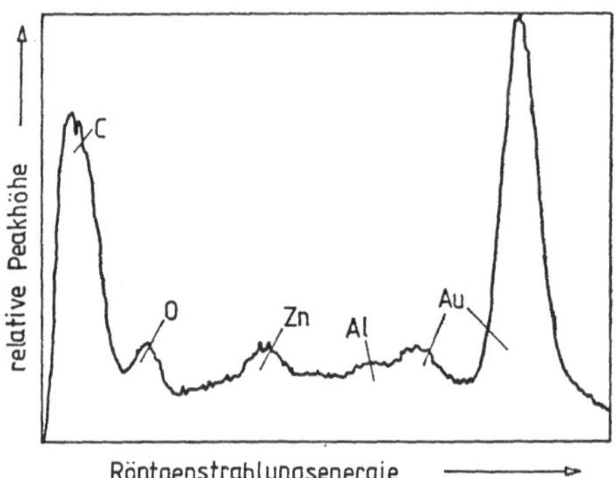

Bild 7.1.10:   EDX-Analyse der EPDM-Membran von Ventil V1

Im Spektrum eines typischen Partikels von V3 ist eindeutig Fluor erkennbar. Der Ventilkörper besteht aus PTFE, so daß diese Analyse eindeutig auf die Herauslösung des Teilchens aus dem Ventilmaterial hindeutet. Der relativ hohe Partikeleintrag durch Betätigungen von V3 (Bild 7.1.5) ist also auf Abrieb im Ventil zurückzuführen. Wie zuvor bereits erwähnt wird dies durch eine ungünstige Funktionsweise unterstützt.

Es hat sich herausgestellt, daß durch dieses Prüfverfahren für Versorgungskomponenten der Partikeleintrag quantitativ eindeutig erfaßt und dessen Ursachen analysiert werden konnten.

7.2   Abscheideverhalten von Flüssigkeitsfiltern

In Bild 7.2.1 ist der Verlauf der Partikelkonzentration bei Zugabe von Latex, gemessen mit zwei Sensoren, dargestellt. Zunächst wird der Latexstrom über den Bypass um den Testfilter geführt und damit die vorgegebene Konzentration von beiden Partikelsensoren gleichzeitig gemessen. Nach Umleitung des Flüssigkeitsstromes über die Testfiltermembran fällt die Konzentration in Sensor 2 steil ab und pendelt sich auf einem niedrigen Niveau ein.

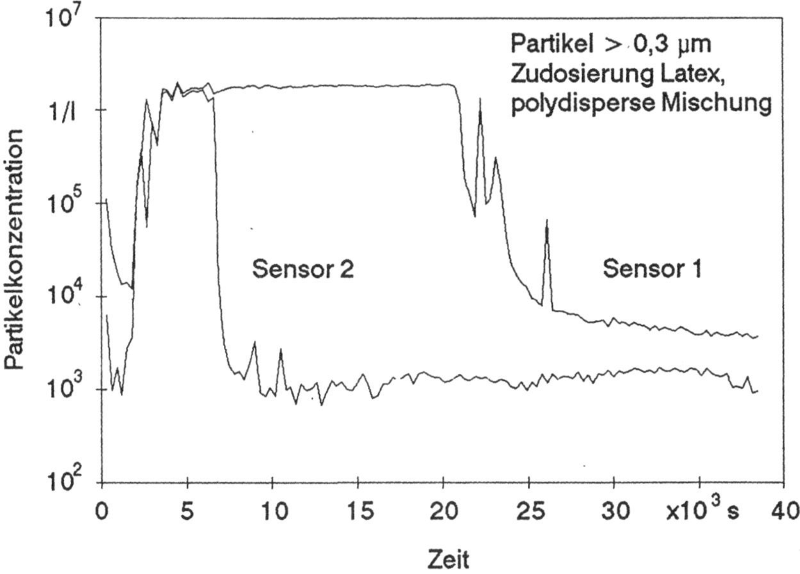

Bild 7.2.1: Verlauf der Partikelkonzentration bei Filteruntersuchungen mit zwei Sensoren

Der Abscheidegrad des Filters η_{Fi} in dieser Situation kann über die gemessenen Partikelkonzentrationen von Sensor 1 (c_1) und Sensor 2 (c_2) berechnet werden:

$$\eta_{Fi} = \frac{c_1 - c_2}{c_1} \tag{7.2.1}$$

In Bild 7.2.2 ist der zeitliche Verlauf der gemessenen Latexpartikelkonzentration bei Verwendung eines Partikelsensors aufgetragen. Dort wird vor und hinter dem Testfilter zeitlich nacheinander gemessen. Aus der Erfahrung der oben beschriebenen Messungen kann man davon ausgehen, daß die zugegebene Partikelkonzentration vor dem Filter konstant bleibt. Zur Ermittlung des Filterabscheideverhaltens werden die mit und ohne Bypass gemessenen Konzentrationen verglichen.

Ein Nachteil dieser Vorgehensweise besteht darin, daß die Leitungsstrecke zwischen Bypass und Partikelsensor vor dem Umschalten auf den Testfilter mit Latex verunreinigt wird. Nach dem Abschalten können aus diesem Bereich abgelagerte Partikel weiter ausgespült werden. Dadurch wird u. U. eine höhere Partikelkonzentration im Sensor gemessen, als dem Filterabscheideverhalten entspricht. Dieser Spüleffekt ist aus Bild 7.2.2 erkennbar. Besonders ein Peak fällt auf, in dem auch die

Partikelgrößenverteilung dem der Latexsuspension entspricht. Dieser wird jedoch bei der Auswertung nicht berücksichtigt.

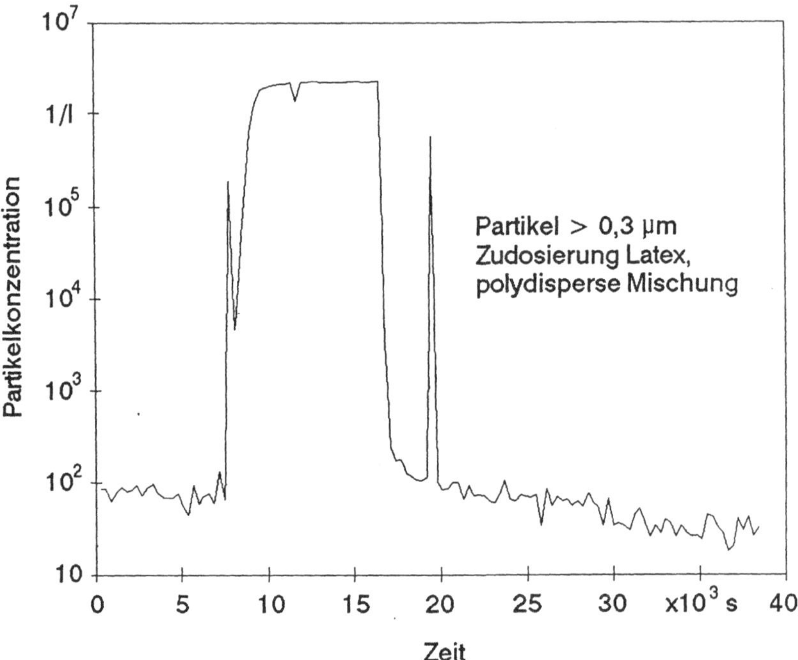

Bild 7.2.2:   Verlauf der Partikelkonzentration bei Messung mit einem Sensor

Der Vorteil dieser Vorgehensweise ist, daß nicht mit zwei verschiedenen Partikelsensoren und dadurch vor und hinter dem Filter mit demselben Zählwirkungsgrad gemessen wird. Außerdem wird bei diesem Vorgehen ein erheblicher Teil des apparativen Aufwandes gespart, was der Anwendung in der Praxis zugute kommt. Bei Messungen mit einem Sensor wurden keine schlechteren Wirkungsgrade ermittelt als mit zwei Sensoren. Gemittelt über alle Messungen wurden mit einem Sensor 99,99 % Abscheidegrad, mit zwei Sensoren 99,93 % ermittelt. Damit hat sich obige Befürchtung nicht bestätigt. Die Messung mit einem Sensor ist insgesamt vorteilhafter als die mit zwei Sensoren.

Bild 7.2.3 zeigt die Ergebnisse der Prüfungen vier verschiedener Filtermembranen bei Beaufschlagung mit Latex und mit natürlichem Hydrosol. Folgende Phänomene fallen auf:

1) Der Abscheidegrad ist für Latex fast ausnahmslos höher als für natürliches Hydrosol.

2) Für Latex werden die besten Abscheidegrade mit der PTFE-Membran erreicht.

3) Die Nylon-Membran mit 0,45 μm-Spezifikation ist nie schlechter als die anderen Membranen mit 0,2 μm-Spezifikation und erreicht für natürliches Hydrosol sogar die deutlich besten Ergebnisse.

Zu Punkt 1 kommt die Beobachtung hinzu, daß die Partikelkonzentration hinter dem Filter während der Latexbeaufschlagung niedriger war als ohne Beaufschlagung. Es ist anzunehmen, daß hier elektrostatische Abscheidevorgänge eine besondere Rolle spielen. Das Trägermedium Reinstwasser ist kaum leitfähig und sowohl Partikel als auch sämtliche berührenden Komponenten sind Isolatoren. Teilchen und Filtermembran laden sich durch die Flüssigkeitsreibung elektrisch auf.

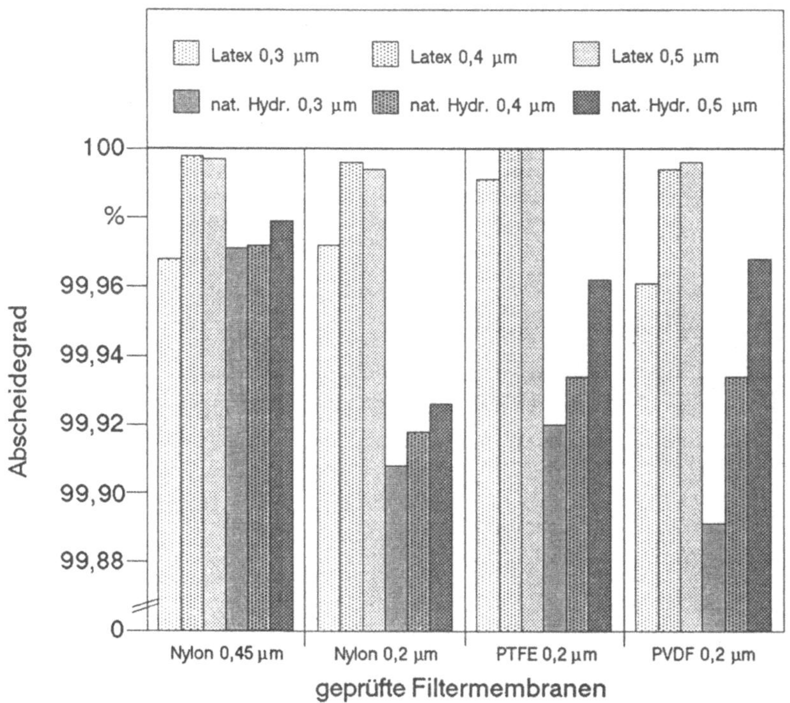

Bild 7.2.3:   Abscheidegrade der geprüften Filtermembranen

Entsprechende Phänomene können auch den besonderen Abscheideverhalten der PTFE- und der 0,45 μm-Nylonmembran zugrundeliegen. Außerdem kann dies eine Erklärung dafür sein, daß das positive Zeta-Potential der 0,2 μm-Nylonmembran keine besondere Wirkung aufweist. Unter Annahme dieser elektrostatischen Erscheinungen ist hauptsächlich von Tiefenfiltration in den Membranen auszugehen. Dies wird z. B. durch die auf den REM-Aufnahmen in Bild 7.2.4 erkennbaren Porengrößen der Membranen bestätigt. Dort sind jedoch auch Einzelfälle von Direktabscheidung zu beobachten.

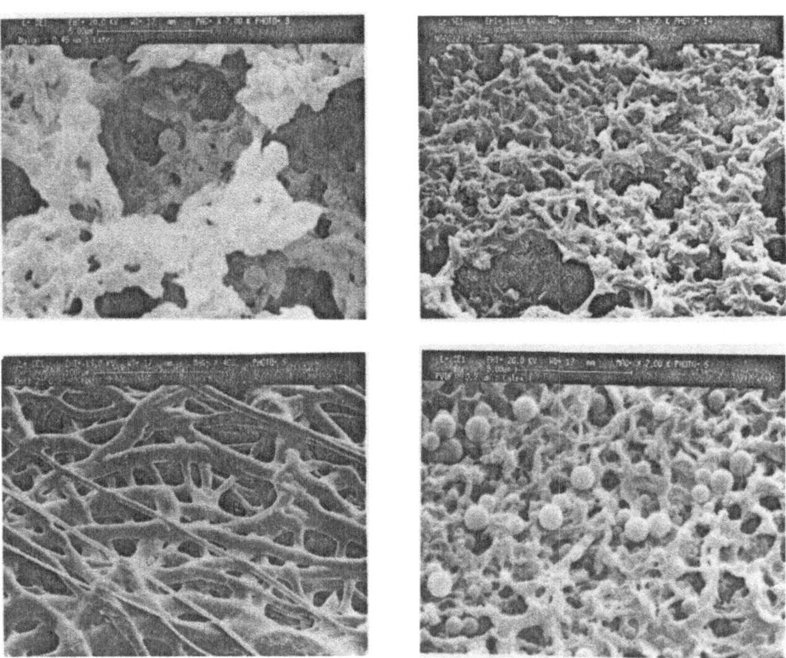

Bild 7.2.4: REM-Aufnahmen der geprüften Filtermembranen, Nylon 0,45 μm links oben, Nylon 0,2 μm rechts oben, PTFE 0,2 μm links unten, PVDF 0,2 μm rechts unten

Bei Partikelbelastungen von bis zu 3.000 > 0,3 μm/ml, spezifischen Volumenströmen bis 26 ml/(cm^2· min) und Drücken bis 4 bar konnten für die getesteten Filterscheiben sehr hohe Abscheideraten ermittelt werden. Diese Prüfparameter entsprechen den Betriebsparametern in Versorgungssystemen für die Halbleiterfertigung. Es war mit dem entwickelten Prüfverfahren nachzuweisen, daß die Membranen nicht schadhaft, voll funktionsfähig und für Anwendungen in der Halbleiterfertigung einsetzbar sind.

7.3 Kontaminationsverhalten von Gesamtsystemen

In Bild 7.3.1 sind die Ergebnisse der Untersuchungen an Gesamtsystemen zusammengefaßt.

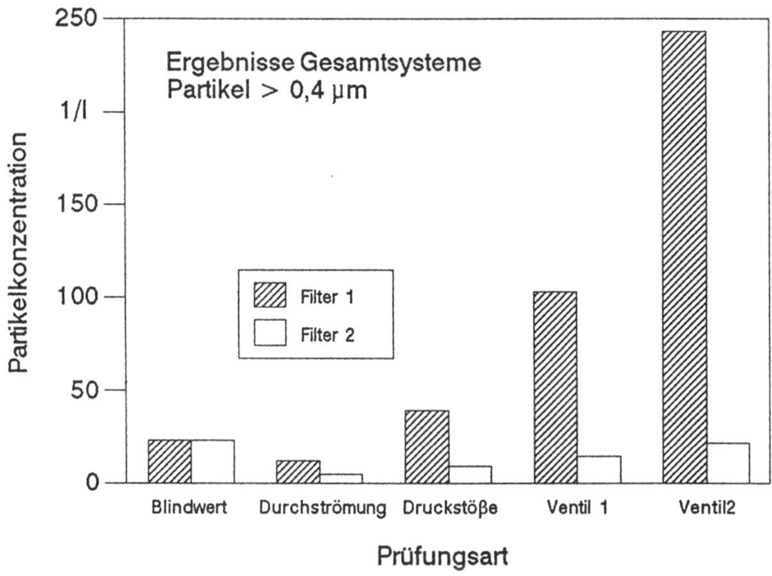

Bild 7.3.1: Kontaminationsverhalten von Gesamtsystemen

Die Systeme waren jeweils über Tage hinweg freigespült worden. Verglichen mit den Untersuchungen an Einzelkomponenten (Blindwert 100 bzw. 250 Partikel > 0,4 µm/l) wurde hier von sehr niedrigen Blindwerten ausgegangen (20 Partikel > 0,4 µm/l).

Das verwendete Meßgerät erfaßte auch Partikel bis 0,3 µm. Dort traten jedoch z. B. bei der Aufgabe von Druckstößen Effekte auf, die wahrscheinlich auf Kavitation in den Filtern zurückzuführen sind und die Ergebnisse stark beeinflußten. Trotz langer Rohrleitungen hinter dem Filter des Gesamtsystems und Drücken von bis zu 4,5 bar waren im untersten Kanal stark überhöhte Zählraten zu beobachten. Daher wurden nur Partikel >0,4 µm ausgewertet, wo plausible Zählraten beobachtet werden konnten.

Aus Bild 7.3.1 wird deutlich, daß die getesteten Gesamtsysteme die Partikelkonzentration in der Flüssigkeit teilweise erhöhen. Der jeweilige Filter des Gesamtsystems verringerte die Gesamtkonzentration bei normaler Durchspülung. Dieser reduzierte Blindwert wurde bei Druckstößen und bei Betätigung des jeweiligen Ventils erhöht. Es ist außerdem erkennbar, daß die beiden verwendeten Filter unterschiedliche Ergebnisse liefern. In dem besseren (Filter 2) sind die Filtermembranen in Scheiben übereinandergestapelt, der andere weist eine Konstruktion mit plissierter Membran auf. Die Konstruktionsmerkmale von Filter 2

– Membran hat kaum Bewegungsfreiheit

– Membran berührt auf der Abströmseite kein anderes Bauteil

haben damit ihre positive Wirkung bewiesen.

Es zeigt sich, daß "point of use"-Filter nicht immer, wie oft angenommen, den Partikeleintrag aus den Versorgungssystemen vollständig abfiltern. Die eingangs erwähnte Notwendigkeit, diesen Eintrag durch Auswahl und Optimierung der Versorgungskomponenten zu minimieren, wurde durch die hier entwickelte Prüftechnik voll bestätigt.

7.4 Überprüfung von Partikelmeßmethoden und -geräten

Im vorliegenden Fall wurden die Partikelgrößenbestimmung und der Zählwirkungsgrad von Streulichtgeräten mit der Art von Hydrosolen überprüft, mit der die Geräte auch kalibriert worden waren (Latexpartikel).

7.4.1 Partikelgrößenbestimmung

Die Auflösung der Partikelzähler hinsichtlich der Partikelgröße ist in der Regel nicht sehr hoch. Im folgenden Beispiel von zwei Lasersensoren der Firmen PMS und Met One beträgt sie maximal 0,1 μm. Die Größenverteilung der Streulichtsignale ist mit dieser Auflösung bestimmbar. In Bild 7.4.1 ist beispielhaft die Größenklassifizierung von Streulichtgeräten der unter REM ausgemessenen gegenübergestellt. Die aufgegebene Teilchenkonzentration lag bei 2.000/ml und damit deutlich unter den angegebenen Koinzidenzbereichen der Geräte. Die Abweichung von den Mittelwerten in den relevanten Größenbereichen lag weit unter ± 10 %. In den Bereichen größerer Partikel liegt sie höher. Dort ist aufgrund der geringeren Konzentration die Abweichung der Latexgröße vom mittleren Durchmesser größer.

Die Ergebnisse zeigen unterschiedliche Größenzuordnungen derselben Latexgröße durch verschiedene Geräte und bei verschiedenen Durchflußraten. Besonders auffallend ist die höhere Empfindlichkeit des PMS-Zählers bei niedrigerem Durchfluß. Die Größenklassifizierung der Streulichtgeräte darf also beim Einsatz in Kontaminationsprüfständen nicht als eindeutig vorausgesetzt werden. Es sind kumulative

Auswertungen derjenigen Bereiche zu empfehlen, in denen die höchsten Partikelzahlen auftreten.

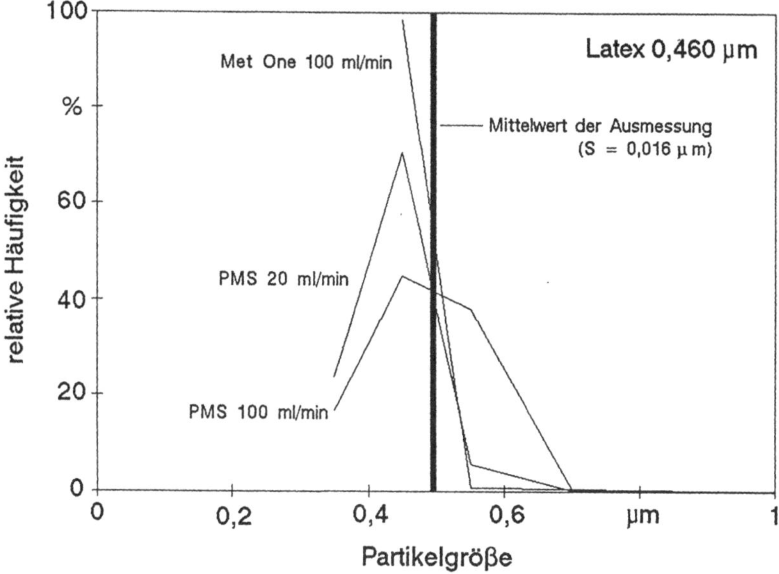

Bild 7.4.1: Vergleich der Partikelgrößenklassifizierung verschiedener Partikelzähler mit der Ausmessung unter dem REM

7.4.2 Zählwirkungsgrad von Partikelzählgeräten

In Bild 7.4.2 ist der ermittelte Zählwirkungsgrad von drei verschiedenen Streulichtpartikelzählern abhängig von der Partikelkonzentration für 0,547 µm-Latex aufgetragen. Der Wirkungsgrad ist auf die Ergebnisse der REM-Auszählung bezogen.

Die Richtigkeit der Konzentrationsbestimmung über das Auszählverfahren wird wie folgt abgesichert:

- Sämtliche im Flüssigkeitsstrom enthaltenen Teilchen wurden auf der Membran zurückgehalten

- Die Prüfmembranen wurden über ihre gesamte Fläche gleichmäßig angeströmt

- Die gleichmäßige Verteilung der Latizes wurde unter kleinen REM-Vergrösserungen überprüft

– Die Partikeldichte auf den Prüfmembranen wies durchschnittlich Abweichungen von lediglich ± 10 % (95%-Vertrauensbereich) vom Mittelwert auf

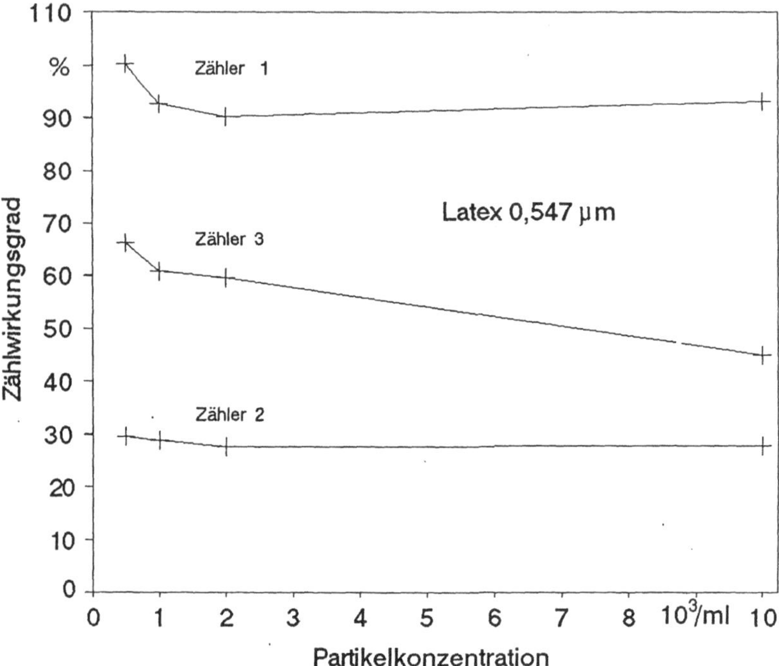

Bild 7.4.2:   Zählwirkungsgrad verschiedener Partikelzähler für 0,547µm-Latex

Die Berechnung der Genauigkeit erfolgte nach den folgenden Gleichungen /90/:

Mittelwert $\bar{x}$:

$$\bar{x} \;=\; \frac{1}{n} \cdot \Sigma\, x_i \qquad\qquad (7.4.1)$$

Standardabweichung der Stichproben S:

$$S \;=\; \sqrt{\frac{\Sigma\, x^2 - (\Sigma\, x)^2 / n}{n - 1}} \qquad\qquad (7.4.2)$$

95%-Vertrauensbereich CF:

$$CF = \pm\, t_{(\alpha/2)\,;\,f} \cdot \frac{S}{\sqrt{n}} \qquad (7.4.3)$$

Genauigkeit ε:

$$\varepsilon = \frac{CF}{\bar{x}} \qquad (7.4.4)$$

mit:

n	$=$	Anzahl der Messungen pro Stichprobe
x_i	$=$	Meßwert in Stichprobe i
$t_{(\alpha/2)}$	$=$	Schwellenwert der Student-t-Verteilung
f	$=$	Anzahl der Freiheitsgrade

Die Normalverteilung der Partikeldichte über die betrachteten Felder konnte zuvor durch einen Test nach Kolmogoroff und Smirnow /90/ nachgewiesen werden.

Die vorausberechnete Latexkonzentration über die Zudosierung stimmte sehr gut mit der REM-Auszählung überein (durchschnittlich 92 %). Damit zeigt sich, daß sich durch die in Abschnitt 6.4.1 beschriebene hier angewandte Art der definierten Hydrosolzugabe sehr genaue Partikelkonzentrationen einstellen lassen.

Der Zählwirkungsgrad η_z wurde berechnet nach:

$$\eta_z = \frac{N_g}{N_t} \qquad (7.4.5)$$

mit:

$N_{g/t}$ = gezählte/tatsächliche Teilchenanzahl

Interessant ist, daß der Zählwirkungsgrad der Geräte umso niedriger wird, je näher deren Meßgrenze am Durchmesser der Testlatizes liegt. Dies stimmt mit den Feststellungen z. B. von Grant /40/ überein, wonach Streulichtpartikelzähler nahe ihrer Meßgrenze sehr geringe Zählwirkungsgrade aufweisen können.

Bild 7.4.3 zeigt den Zählwirkungsgrad der für die oben beschriebenen Kontaminationsuntersuchungen verwendeten Zähler in deren unteren Größenbereichen. Hier zeigt sich die Abhängigkeit der Zählergebnisse von der Größenzuordnung (siehe 7.1.1).

Die vorgestellten Ergebnisse zeigen, daß durch Auszählung unter dem Rasterelektronenmikroskop sehr genaue Partikelmessungen möglich sind. Die Richtigkeit der Messungen läßt sich bei sorgfältiger Vorgehensweise ebenfalls sicherstellen. Mit diesem Verfahren ist eine genaue Überprüfung der Streulichtpartikelzählung möglich. Dadurch kann die Richtigkeit dieser indirekten Meßmethode beurteilt und ihr Einsatz gezielt geplant werden.

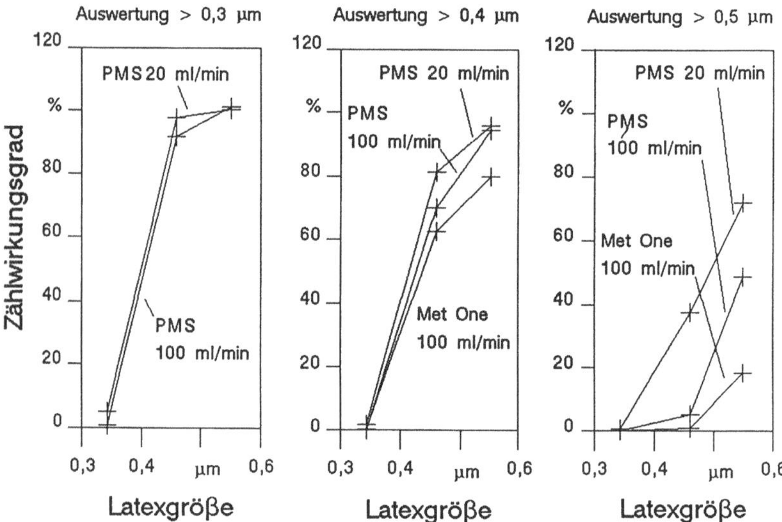

Bild 7.4.3:   Zählwirkungsgrad verschiedener Partikelzähler abhängig vom Auswertebereich

Die definierte Zudosierung von Latexsuspensionen erwies sich als erstaunlich genaue Methode zur Herstellung von Referenzsuspensionen. Unter der Voraussetzung einer detaillierten Standardisierung der Vorgehensweise könnte damit ein allgemeingültiger Referenzstandard zur Überprüfung und Kalibrierung von Partikelmeßgeräten geschaffen werden.

8 Meß- und Prüfrichtlinien für Versorgungskomponenten von Prozeßflüssigkeiten

In folgenden werden aus den Erfahrungen der vorliegenden Arbeit Richtlinien für die Kontaminationsuntersuchungen an Medienversorgungskomponenten und deren Kombinationen abgeleitet.

Zur Beurteilung der Vergleichbarkeit der Untersuchungen sind Gruppierungen und Klassifizierungen der Prüfobjekte entsprechend Bild 8.1 notwendig.

Gesamt	Versorgungskomponenten und – systeme		
Gruppierung	Einzelpar – tikelquellen	Partikel – senken	Gesamt – systeme
Unter – gruppierung	nicht eingreifen sperrend dosierend fördernd filternd	Filter	Kombina – tionen
Klassifi – zierung		Abscheiderate Membranfläche Anschlußdimensionen	
Einsetz – barkeit	Reinstwasser / Anorganika / Organika		

Bild 8.1: Gruppierungen und Klassifizierungen der Prüfobjekte

Die Dimensionen im Innern der Komponenten sind bauartabhängig stark unterschiedlich. Es wird daher die Anschlußdimension an die Rohr- bzw. Schlauchleitung als Klassifizierungsmerkmal vorgeschlagen. Die Konzeptionen der Prüfaufbauten sind in Kap. 5, Realisierungsbeispiele für praktische Untersuchungen in Kap. 6 beschrieben. Für die Prüfungen der unterschiedlichen Objektgruppen entsprechend Bild 8.1 sind jeweils spezielle Aufbauten aus Kap. 6 oder der Universalprüfstand aus

Abschn. 5.1.5 einsetzbar. Die Anzahl der eingebauten Komponenten muß möglichst klein gehalten werden.

In Kreislaufsystemen haben sich Isopropanol pur oder Isopropanol-/Wassergemische als Trägermedium bewährt, worin Keimwachstum unterbunden wird. Bei erste-

Prüfvorgang	Prüfobjekte			Beurteilungsgrößen
	Einzel-quellen	Senken	Gesamt-systeme	
Blindwert-ermittlung	●	●	●	– minimal erreichbare Partikelkonzentration
Freispülung	●		●	– Freispüldauer auf Blindwert – Anzahl ausgespülter Partikel
Druckstösse	1		●	– Anzahl eingetragener Partikel – (Abklingzeit)
Funktions-betätigungen	2 3		2 oder 3	– Anzahl eingetragener Partikel – (Abklingzeit)
Hydrosol-beaufschlagung		●		– Abscheideverhalten

●   notwendig
1   notwendig für nicht eingreifende Komponenten
2   notwendig für sperrende Komponenten
3   notwendig für dosierende Komponenten

Bild 8.2:   Notwendige Prüfvorgänge für verschiedene Gruppen von Prüfobjekten

rem sind entsprechende Vorkehrungen zum Explosionsschutz zu treffen. Weitere Alternativen stellen Mischungen von Wasser mit z. B. Äthanol, Benzylalkohol oder Formaldehyd dar. Als Verrohrungsmaterialien sind in den kritischen Bereichen der

Prüfstände konsequent PFA oder PVDF (bedingt), für Organika auch innen elektropolierter Edelstahl zu verwenden.

Die notwendigen Prüfvorgänge für die verschiedenen Gruppen von Prüfobjekten sind in Bild 8.2 zusammengestellt. Filter sind generell eine Kombination von Partikelsenke und -quellen. Neben der Überprüfung der Abscheidewirkung durch Hydrosolbeaufschlagung sind daran auch Prüfungen als "nicht eingreifende Eizelpartikelquellen" anwendbar und notwendig. Im folgenden werden die empfohlenen Vorgehensweisen beschrieben.

8.1 Prüfung von Versorgungskomponenten (Einzelpartikelquellen)

(siehe Abschnitt 6.1, Prüfstand in Bild 6.1.1)

a) <u>Auswahl der Prüfparameter</u>

- Volumenstrom entsprechend normalen Einsatzbedingungen der Komponente; bei kleinen Komponenten Volumenstrom möglichst so niedrig halten, daß in-line-Partikelzählung möglich ist (bis ca. 100 ml/min). Bei höheren Volumenströmen on line-Probenahme isokinetisch aus turbulent durchmischtem Bereich

- Druck weitgehend nicht über Umgebungsdruck; bei Erscheinen von Luftblasen (stark erhöhte Zählraten sehr kleiner Teilchen) Druck etwas erhöhen durch Drosselung des Flüssigkeitsstromes hinter dem Zählgerät

b) <u>Blindwertermittlung</u>

- Spülen des Prüfstandes auf geeigneten Blindwert (ca. 250 Partikel $\geq 0{,}4$ μm/l)

- vor Prüfbeginn Unterschreiten des Blindwertes für mindestens 30 min

c) <u>Ermittlung des Freispülverhaltens</u> (alle Komponenten)

- Einbau der Prüfkomponente in den Prüfstand

- Umleitung des Flüssigkeitsstromes über Prüfkomponente; gleichzeitig Beginn der Meßwertaufnahme; empfohlene Meßintervalle 1 min, empfohlene Pausen zwischen Meßintervallen maximal 30 Sekunden;

- Beendigung der Prüfung, wenn Blindwert erstmals für zwei aufeinanderfolgende Meßintervalle unterschritten wurde

- Auswertung folgender Größen:

  ° Gesamtzahl der ausgespülten Partikel (Maß für Verschmutzungszustand)

  ° Dauer des Freispülvorganges

- Ermittlung der Freispülrate (siehe Abschn. 7.1.1) (Maß für Freispülbarkeit)

d) <u>Ermittlung der Partikelgenerierung bei Druckstößen</u>

(nicht eingreifende und filternde Komponenten)

- Zu Beginn eines Meßintervalles Schließen des Hauptventiles (siehe Bild 6.1.1) für max. eine Sekunde; Aufnahme der generierten Gesamtpartikelzahl und Dauer bis zum Unterschreiten des Blindwertes

- jeweils 10 solcher Messungen zu Beginn, nach 100, 200, 500 und 1000 Taktungen des Hauptventils ohne Meßwertaufnahme mit ca. 1 Hz Frequenz (siehe 7.1.2)

- Auswertung der generierten Gesamtpartikelzahl und der jeweiligen Abklingdauer abhängig von der Zahl der durchgeführten Betätigungen

<u>Alternative für schnelle Prüfungen:</u>

- Betätigung des Hauptventils zu Beginn jedes zweiten Meßintervalls für max. eine Sekunde

- Aufnahme der generierten Partikelzahl über jeweils zwei Meßintervalle

- Auswertung der über jeweils zwei Meßintervalle generierten Partikelzahl über der Zeit

e) <u>Ermittlung der Partikelgenerierung durch Funktionsbetätigungen</u>

- Vorgehen wie bei Druckstößen; anstatt des Hauptventils wird die Prüfkomponente selbst betätigt.

8.2 Prüfung von Filtern auf Partikelabscheidung

(siehe Abschn. 6.1.2, Prüfstand in Bild 6.1.2)

a) <u>Auswahl der Prüfparameter</u>

- Volumenstrom entsprechend normalen Betriebsbedingungen (wenn möglich in line-Probenahme, siehe 8.1 a)

- Druck zwischen 2,5 und 3,5 bar

- Hydrosolbeaufschlagung möglichst hoch (jedoch Koinzidenzfehler bei Meßwertaufnahme vor Prüffilter < 10% halten)

b) <u>Bestimmung des Blindwertes</u>

- Spülen des Prüfstandes mit Prüffilter, bis vor und hinter dem Prüffilter geeigneter Blindwert erreicht ist (max. 0,1% der geplanten Hydrosolbeaufschlagung)

c) <u>Bestimmung der Partikelabscheidung</u>

- Start der Hydrosolzugabe, Ermittlung der Hydrosolkonzentration vor und hinter dem Prüffilter gleichzeitig (2 Partikelsensoren) oder zeitlich nacheinander (1 Sensor); aufgegebene Hydrosolkonzentration muß über mehrere Stunden konstant gehalten werden

- Ermittlung des Filterabscheidegrades (siehe Abschn. 7.2) aus Mittelwerten der gemessenen Konzentrationen vor und nach dem Prüffilter

8.3 Prüfung von Gesamtsystemen

(Abschn. 6.3, Prüfstand in Bild 6.3.1)

a) <u>Auswahl der Prüfbedingungen</u>

- Volumenstrom wie bei 8.1 a)

- Druck entsprechend Betriebsbedingungen, sonst 2,5 bis 3,5 bar

- das Prüfobjekt besteht aus mind. 1 Filter und einer vorgeschalteten Komponente

b) <u>Blindwertermittlung</u>

- Spülen des Prüfstandes auf geeigneten Blindwert vor Prüfkomponente (empfohlen < 20 Partikel $\geq 0,4$ μm/l)

c) <u>Kontminationsverhalten bei stationärer Durchströmung</u>

- Bestimmung der durchschnittlichen Partikelkonzentration hinter dem Prüfobjekt bei stationärer Durchströmung über mehrere Stunden, Vergleich mit
Blindwert vor Prüfobjekt

d) <u>Kontaminationsverhalten bei Druckstößen</u>

- Takten des Hauptventils (Bild 6.3.1) mit einer Frequenz von ca. 1 Hz

- Bestimmung der durchschnittlichen Partikelkonzentration hinter dem Prüfobjekt über mehrere Stunden, Vergleich mit stationärer Durchströmung (c)

e) <u>Kontaminationsverhalten bei Funktionsbetätigung</u>

- Taktung der Komponente des Prüfobjektes wie Hauptventil und Bestimmung
der Partikelkonzentration wie bei d)

- Vergleich mit stationärer Durchströmung und Druckstößen

8.4 Überprüfung von Meßgeräten

(siehe Abschn. 6.4, 7.4; Prüfstand Bild 6.4.1)

a) <u>Auswahl der Prüfparameter</u>

- Volumenstrom wie vom Gerätehersteller empfohlen

- Druck 2,5 bis 3,5 bar

b) <u>Blindwertermittlung</u>

- Spülen des Prüfstandes, bis Partikelkonzentration im Sensor < 1 % der geplanten Hydrosolbeaufschlagung

c) <u>Hydrosolaufgabe</u>

- gleichmäßige Hydrosolaufgabe, Dauer für Test der Größenzuordnung ca. 30
min., für Zählwirkungsgrad entsprechend notwendiger Filtrationszeit über
Kernspurfiltermembran, damit mind. 20 Partikel pro AREM zu finden sind

d) <u>Auswertung</u>

- Vergleich der aufgegebenen Latexgröße mit der Größenzuordnung der Prüfgeräte, evtl. zusätzliche Vermessung der Latexgröße unter REM

- . Auszählung der Partikeldichte auf der Kernspurmembran und Vergleich der daraus berechneten Partikelkonzentration in der Flüssigkeit mit der im Prüfzeitraum durch die Prüfgeräte durchschnittlich ermittelten Konzentration

- daraus Bestimmung der Genauigkeit der Größenzuordnung durch den Partikelzähler und des Zählwirkungsgrades (s. Abschn. 7.4)

9 Bewertung

9.1 Bewertung der Prüfverfahren

Mit den in der vorliegenden Arbeit entwickelten Prüfverfahren wird die Überprüfung sämtlicher Komponenten hinsichtlich ihres Kontaminationsverhaltens ermöglicht, aus denen Versorgungssysteme für hochreine Flüssigkeiten aufgebaut sind. Auch gesamte Versorgungssysteme sind damit prüfbar, solange die Probenahme an den verschiedenen notwendigen Stellen realisierbar ist. Richtigkeit und Genauigkeit der Messungen werden durch eine entsprechende Überprüfungsmethodik für die Meßtechnik sichergestellt. Die Gesamtheit dieser einzelnen Verfahren stellt damit ein umfassendes Partikelprüfverfahren für die Flüssigkeitsversorgung der Halbleiterfertigung dar.

Prüfobjekte	prüfbare Größen	
	quantitativ	qualitativ
Einzel-komponenten	Partikeleintrag, absolut und Größenverteilung	Partikelart, Partikelherkunft
Filter	Abscheidegrad	Abscheidegrad für verschiedene Hydrosole
Gesamt-systeme	Gesamtpartikel-eintrag	äußere Einflüsse, interne Quellen
Meßgeräte	Zählwirkungsgrad	Partikelgrößen-zuordnung

Bild 9.1: Erfaßbare Prüfgrößen für die verschiedenen Prüfobjekte

Mit den entwickelten Prüfständen und -abläufen sind die in Bild 9.1 zusammengestellten Größen erfaßbar. Sie ermöglichen sowohl den quantitativen Vergleich verschiedener Komponenten und Systeme als auch eine qualitative Ergründung von Partikelquellen und Filterabscheideeffekten.

Den Prüfverfahren sind hinsichtlich erfaßbarer Partikelgrößen und -konzentrationen Grenzen gesetzt. Die Meßgrenzen der einsetzbaren Streulichtzähler liegen bei 0,3 μm. In verschiedenen Fällen war jedoch eine Auswertung der Ergebnisse erst ab 0,4 μm sinnvoll. Für den Vergleich von Partikelquellen und Gesamtsystemen hat sich diese Größe als hinreichend erwiesen. Zur Prüfung und Beurteilung von Filtern wären jedoch auch kleinere Partikel sehr interessant.

Die erfaßbaren Partikelkonzentrationen sind durch die Blindwerte der Prüfstände nach unten und den Koinzidenzbereich der Streulichtgeräte nach oben begrenzt. Auch dies hat sich für die Prüfung von Partikelquellen und Gesamtsystemen als unkritisch erwiesen. Für die Prüfung von Filtern wären allerdings auch Beaufschlagungen mit höheren Konzentrationen wünschenswert.

Neben den Einzelprüfständen, mit denen die hier beschriebenen Untersuchungen durchgeführt wurden, wurde auch ein Universalprüfstand entwickelt. In diesem sind sämtliche beschriebenen Prüfungen durchführbar. Die darin mögliche Teilstromentnahme zu den Partikelmeßgeräten (on-line-Messung) erlaubt darüber hinaus Prüfungen mit höheren Volumenströmen, was weitere Möglichkeiten insbesondere für die Filtertests erschließt. Mit der Konzeption dieses Universalprüfstandes wurden die Prüfverfahren über das Laborstadium zur Anwendungsreife entwickelt. Es steht für den routinemäßgien Einsatz bei der Entwicklung und Auswahl von Versorgungskomponeneten sowie bei Konzeption und Aufbau von Versorgungssystemen zur Verfügung.

9.2   Bewertung der Untersuchungsergebnisse

Die durchgeführten Untersuchungen an Medienversorgungskomponenten haben grundlegende Ergebnisse geliefert. Einsetzbarkeit und Nutzen der entwickelten Prüfstände und -verfahren wurden nachgewiesen. Es konnten deutliche Unterschiede im Kontaminationsverhalten verschiedener Ventile und anderer Komponenten zum Vergleich nachgewiesen werden. Die Höhe des Partikeleintrags durch Komponenten hängt nach diesen Ergebnissen von deren Material, Oberflächenrauhigkeit und Art der Funktion ab.

Aus den Freispülversuchen ist zu ersehen, daß die erreichbare Freispülrate nicht nur von der Geometrie und der Oberflächenbeschaffenheit der Komponenten abhängen. Wie in Abschnitt 3.1 festgestellt, beeinflussen die elektrostatischen Verhältnisse in dem System Partikel/Flüssigkeit/Wandungsoberfläche entscheidend die Adhäsion der Partikel auf den Oberflächen. Ladungszustand und Eigenschaften der Partikel hinsichtlich der Adsorptionsmöglichkeit von Flüssigkeitsmolekülen sind dabei entscheidend. Beispielsweise organische und anorganische Teilchen weisen hier sicherlich stark unterschiedliches Verhalten auf.

Elektrostatische Effekte spielen auch im Abscheideverhalten von Filtern eine große Rolle. So wurden bei reiner Latexaufgabe höhere Abscheidegrade festgestellt als bei Aufgabe natürlicher Hydrosole. Die Konzentration hinter dem Filter war im ersten Fall oft sogar geringer als ohne Hydrosolzugabe. Unter solchen Bedingungen ist die Abscheidewirkung von Filtern offensichtlich unabhängig von der Beaufschlagungskonzentration. Darüber hinaus ist anzunehmen, daß die Blindkonzentration, die auch bei geringster Beaufschlagung hinter einem Filter zu messen ist, aus dem und nicht durch den Filter kommt. Kommen dann hohe Konzentrationen geladener Latexteilchen hinzu, so werden durch die elektrischen Veränderungen Teilchen im Durchschnitt stärker im Filter festgehalten.

Vor allem in den Untersuchungen von Gesamtsystemen (Ventil- /Filterkombinationen) stellte sich ein starker Einfluß der Filterbauart auf das Kontaminationsverhalten heraus. Bewegungen der Filtermembran und Reiberscheinungen auf der Abströmseite sind wahrscheinlich verantwortlich für stark unterschiedliche Partikelkonzentrationen hinter den Filtern.

All diese Phänomene sind mit der entwickelten Prüftechnik beobachtbar. Allein durch den direkten Vergleich verschiedener Komponenten unter den unterschiedlichen Prüfbedingungen sind verschiedene Ursachen für den Partikeleintrag zu erkennen und teilweise zu vermuten. Die zusätzliche integrierte Möglichkeit der Partikelanalyse ermöglicht weitere Ergründungen der Quellen. Es konnte festgestellt werden, ob eingetragene Partikel aus dem Komponentenmaterial oder von den Oberflächen stammen. Im Einzelfall sind daraus detaillierte Anhaltspunkte für Verbesserungen in der Konstruktion und bei den Fertigungsverfahren der Komponenten abzuleiten.

Die gezeigten Ergebnisse spiegeln die mit den entwickelten Prüfverfahren möglichen Untersuchungen wider. Es wird bewiesen, daß die Verfahren umfassende Prüfungen zur Partikelkontamination an sämtlichen Teilen der Versorgung für Prozeßflüssigkeiten ermöglichen. Damit ist das notwendige Instrument für die Minimierung der Partikelkontamination in Flüssigkeiten für hochreine Anwendungen geschaffen. Hinsichtlich der Fertigungsausbeute bei der Herstellung der zukünftigen Generationen von Halbleiterbauelementen ist dies von grundlegender Bedeutung. Derartige Anforderungen greifen jedoch zunehmend auch auf andere Industriezweige über.

10 Zusammenfassung und Ausblick

10.1 Zusammenfassung

Das Ziel der vorliegenden Arbeit war die Entwicklung von Prüfverfahren, mit denen Komponenten von Versorgungssystemen hinsichtlich ihres Kontaminationsverhaltens beurteilt und enthaltene Partikelquellen ergründet werden können. Aufbauend auf dem Stand der Technik erfolgte eine theoretische Analyse der Ursachen und Mechanismen des Partikeleintrags in Flüssigkeiten von den Wandungen der Versorgungssysteme. Daraus wurden die möglichen Partikelquellen in Versorgungskomponenten zusammengestellt. Gleichzeitig erfolgte eine kritische Analyse der verfügbaren Meßtechnik für Partikel in Flüssigkeiten.

Auf der Basis dieser Analysen wurden die prüfbaren Parameter zusammengestellt und die entsprechenden Anforderungen an die Prüfverfahren formuliert. Es zeigte sich, daß zur umfassenden Prüfung der Flüssigkeitsversorgung Prüfungen an vier verschiedenen Arten von Prüfobjekten nötig sind:

- Partikelquellen (Einzelkomponenten)

- Partikelsenken (Filter)

- Gesamtsysteme (Partikelquellen und Filter)

- Partikelmeßmethoden und -geräte

Es wurden dafür die Aufbauten und Prüfabläufe konzipiert, die Prüfstände aufgebaut und in praktischen Kontaminationsuntersuchungen erprobt. Aus den gesammelten Erfahrungen wurde ein Universalprüfstand für sämtliche Prüfungen konzipiert und entwickelt.

In den Probeuntersuchungen wurden geprüft:

- quantitativer Partikeleintrag unterschiedlicher Versorgungskomponenten unter verschiedenen Betriebsbedingungen

- chemische Zusammensetzung eingetragener Partikel zur Ergründung ihrer Herkunft und der Eintragsmechanismen

- Abscheideverhalten von Filtermembranen für künstliche und natürliche Hydrosole

– Kontaminationsverhalten von Gesamtsystemen beispielhaft an Kombinationen aus Ventilen und Filtern

– Größenzuordnung und Zählwirkungsgrad von Partikelzählgeräten

Die Untersuchungen lieferten eine Reihe grundlegender Ergebnisse. Es wurden daraus z. B. der optimierte Einsatz der Partikelmeßgeräte, günstige und ungünstige Konstruktionsmerkmale von Ventilen, Einflüsse auf das Filterabscheideverhalten und das Gesamtverhalten von Versorgungssystemen abgeleitet. Die so gezeigten Ergebnisse repräsentieren beispielhaft die prüfbaren Charakteristika der Flüssigkeitsversorgung und zeigen die Eignung der entwickelten Prüfverfahren für umfassende Untersuchungen an Versorgungssystemen. Das Ziel der Entwicklung von "Verfahren zur Prüfung der Partikelkontamination in Versorgungssystemen für hochreine Flüssigkeiten" wurde im Rahmen der durchgeführten Arbeiten erreicht und zusätzlich durch die Formulierung von Richtlinien zur Durchführung derartiger Untersuchungen ergänzt.

10.2   Ausblick

Mit der in der vorliegenden Arbeit realisierten Prüftechnik wurde ein notwendiges Instrument für Partikeluntersuchungen in der Flüssigkeitsversorgung geschaffen.

Prüfungen dieser Art sind abhängig von der verfügbaren Meßtechnik. Neben der Verifikation der Richtigkeit der Meßergebnisse, wie sie hier verfolgt wurde, ist für die Zukunft eine generelle Verfeinerung der Meßtechnik an sich wünschenswert. Aufgrund bestimmter wiederkehrender Abhängigkeiten in der Partikelgrößenverteilung kann zwar bis zu einem gewissen Grad von meßbaren größeren auf nicht mehr erfaßbare kleinere Partikel geschlossen werden. Dennoch ist für die nahe Zukunft die automatische Messung von Partikeln unter 0,1 μm dringend notwendig.

Ansätze sind mit dem Einsatz leistungsstarker Laser mit geringerer Lichtwellenlänge beim Streulichtverfahren oder hochauflösender Bildverarbeitungssysteme beim Auszählverfahren erkennbar. Die Möglichkeit der Bestimmung von Pyrogenen in Reinstwasser ist ein Beispiel für ein anderes Meßverfahren, mit dem eine bestimmte Partikelart bis zu weit geringerer Größe erfaßbar wird.

Neben partikulären, d. h. in Flüssigkeiten unlösbaren Fremdstoffen, verursachen auch kolloid und echt gelöste Stoffe Defekte auf Halbleitern. Prüfungen, wie sie in der vorliegenden Arbeit für Partikel realisiert wurden, sollten deshalb in Zukunft auch auf solche Kontaminanten ausgedehnt werden. Die entwickelten Prüfstände können auch eine Basis dafür darstellen. Die entsprechende Meßtechnik ist auf ihre Eignung zu überprüfen und anschließend zu integrieren.

Aus den Analysen in Abschnitt 3.1 sind die theoretischen Möglichkeiten zur Abschätzung des Partikeleintrags in Flüssigkeiten ersichtlich. Detaillierte Grundlagen zur theoretischen Voraussage von Partikelabspülung, -abrieb etc. sind in diesem Größenbereich bisher nicht verfügbar. Die Generierung von sehr kleinen Partikeln ohne deutliche Verschleißerscheinungen an den Materialoberflächen gewinnt erst jetzt durch die Miniaturisierung von Strukturen in der Halbleiterfertigung an Bedeutung. Es ist anzunehmen, daß diese Aspekte jedoch auch in anderen Industriezweigen relevant werden. Daraus ergibt sich die Notwendigkeit auch grundlegender Untersuchungen zum diesbezüglichen Verhalten von Werkstoffen.

11 Literaturverzeichnis

/1/ Singer, H. P.: "The Transistor: 40 Years Later", in: Semiconductor International, January 1988

/2/ Integrated Circuit Engineering Corporation:"Practical Integrated Circuit Fabrication", in: International Planning Information, Kopenhagen 1984

/3/ George, R.: "Ionic Contamination - where's yours coming from?", in: European Semiconductor Design and Production, July 1984

/4/ Krapf, E.: "Anforderungen an die Reinheit von Chemikalien für die Halbleiterfertigung", in: Concept-Symposion: Gase und Flüssigkeiten in der Reinraumtechnik, Frankfurt, 25./26.11.1986

/5/ Thebault, H.: "Overview of Contamination Control in Microelectronics: Trends and Requirements in Purity and Cleanliness of Materials", in: Annual European Microelectronics Technical Symposion: Contamination Control of Semiconductor Process Fluids, Zürich 09.03.1987

/6/ Holländer, E.: "Mikrokontaminationskontrolle", in: Swiss Contamination Control 2, 1988

/7/ Bowling, R. A.: "An Analysis of Particle Adhesion on Semiconductor Surfaces", in: J. Electrochem. Soc.: Solid-State Science and Technology, September 1985

/8/ Biebl, U.: "Reinheitsprobleme der naßchemischen Prozesse in der Halbleiterfertigung", in: Concept-Symposion, Frankfurt/Main, November 1986

/9/ Gunawardena, U.; u.a.: "SMIF and its Impact on Cleanroom Automation", in: Microcontamination, ,September 1985

/10/ Thebault, H.: "An Overview on Contamination Control in Microelectronics. Next Decade Highlights", 8th International Symposium on Contamination Control, Milan, Sept. 9-12, 1986

/11/ Kästner, P.: Halbleitertechnologie. Vogel-Verlag, Würzburg 1980

/12/ Harth, W.:   <u>Halbleitertechnologie</u>. B.G. Teubner Stuttgart, 1981

/13/ Steinberger, H.:   "IC-Herstellung: Vom Schaltungsentwurf zum Chip", in: Elektronik 22/1985

/14/ Häusler, L.:   <u>MOS-Technologie</u>. Siemens AG Verlag, Berlin, München 1980

/15/ Pletsch, B.:   <u>Integrated Circuits, Making the Miracle Chip</u>. 2nd ed., Pletsch + Associates, Albany 1985

/16/ Fujinaga, K. et al.:   "Automation in Supply of Semiconductor Grade Chemicals (1)". Kanto Chemical Co. Inc., No. 7, Nihonbashi Honcho 3-chome Cho-ku, Tokyo 103 Japan, 1985

/17/ Khilnani, A.:   "Monitoring Contamination in Liquids for Semiconductor Processing", in: Microcontamination, Nov. 1986

/18/ Scidmore, K.:   "Cleaning Techniques for Wafer Surfaces", in: Semiconductor International, August 1987

/19/ Iscoff, R.:   "Water Purification Criteria for Semiconductor Manufacturing", in: Semiconductor International, March 1985

/20/ Iscoff, R.:   "The Challenge for Ultrapure Water", in: Semiconductor International, February 1986

/21/ Zoccolante, G.:   "Innovations in Water Purification", in: Semiconductor International, February 1987

/22/ Castellano, R. N.:   "Controlling Costs in Chemical Distribution Systems", in: Microcontamination, Nov. 1987

/23/ Setz, W.:   "Herstellung von entmineralisiertem Wasser (Aqua purificata) für pharmazeutische Zwecke mittels Umkehrosmose ohne Einsatz von Ionenaustauschern". Vortrag anläßlich des Lehrgangs "Erzeugung von Reinstwasser", TAE Esslingen, 03. und 04.11.1986

/24/ Christen, H. R.:   <u>Einführung in die Chemie</u>. Diesterweg, Salle, Frankfurt 1972

/25/ Hollemann-Wiberg: <u>Lehrbuch der anorganischen Chemie</u>, 100. Auflage von Nils Wiberg, Berlin, de Gruyter, 1985

/26/ Mersmann, A.: <u>Thermische Verfahrenstechnik</u>, Springer Verlag Berlin, Heidelberg, New York, 1980

/27/ Ohmi, T. u. a.: "Materials Testing and Quality Control, High Purity Chemicals, Gases and Water", in: JST Reports, Vol. 2, No. 3, Autumn 1986

/28/ Sielaff, G., Harder, N.: "A Classification Model for Liquidborne Particles in Semiconductor Process Chemicals", in: Microcontamination, January 1986

/29/ Gail, L., Hortig, H.-P.: "Übersicht über die Richtlinien-Neubearbeitung VDI 2083", in: VDI-Berichte 654, Blatt 1 bis 7: 14 - 16

/30/ Dillenbeck, K.: "Characterization of Particle Levels in Incoming Chemicals", in: Microcontamination 2 (6), 1981: 57 - 62

/31/ <u>Book of SEMI Standards 1987</u>, Vol. 1: Chemicals Division, Semiconductor Equipment and Materials Institute, Inc., 805 East Middlefield Rd., Mountain View, CA 94 043, U.S.A.

/32/ Khilnani, A.: "Monitoring Contamination in Liquids for Semiconductor Processing", in: Microcontamination, November 1986

/33/ Riedel de Haen AG, Wunstorferstr. 40, D-3016 Seelze 1

/34/ E. Merck, Postfach 4119, 6100 Darmstadt

/35/ Dillenbeck, K.: "Characterization of Particle Levels in Incoming Chemicals", in: Microcontamination, December 1984

/36/ Dillenbeck, K.: "Advances in Particle-Counting Techniques for Semiconductor Process Chemicals", in: Microcontamination, February 1987

/37/ Bansal, I. K.: "Control of Surface Contamination on Silicon Wafers in the Semiconductor Industry", in: Journal of Environmental Sciences, July/August 1983

/38/ Przybytek, J. T., u. a.: "Measuring "Low Level" Particle Counts in Solvents", in: Microcontamination, June 1985

/39/ Csikai, N. J., u. a.: "Counting Particles in Mobile Liquid Chemicals for Semiconductor Processing", in: Microcontamination, November 1986

/40/ Grant, D. C., u. a.: "Improved Methodology for Determination of Sub-micron Particle Concentrations in Semiconductor Process Chemicals", in: The Journal of Environmental Sciences, May/June 1987

/41/ Krauß, H., u. a.: "Provision of High Purity Chemicals at the "Point of Use" with the Selectimat Supply System", In: Vortrag anläßlich der Producronica, München, November 1987

/42/ Bosse, J: "Verpackungen für hochreine Chemikalien", in: Vortrag anläßlich der Fachtagung "PVDF - ein Werkstoff höchster Reinheit", Würzburg 11.05.88

/43/ Fujinaga, K., u. a.: "Automation in Supply of Semiconductor Grade Chemicals (2)", Kanto Chemical Co. Inc., No. 7, Nihonbashi Honcho 3-chome Cho-ku, Tokyo 103, Japan 1985

/44/ Schraft, R. D., u. a.: "Studie über den Stand der Technik und zukünftige Anforderungen an Fertigunseinrichtungen zur Herstellung von Halbleiterbauelementen unter Berücksichtigung verschiedener Herstellungsverfahren", Fraunhofer-Institute IPA und AIS, Stuttgart und Erlangen, 1986

/45/ Dickenson, C.: Filters and Filtration Handbook. The Trade and Technical Press Ltd., Morden (GB) 1987

/46/ Schaefer, J. W., u. a.: "Filter Media Design for High Purity Air Applications", in: The Journal of Environmental Sciences, July/August 1986

/47/ Khodai-Joopary, A.: "Chemical Etching of Polyvinylidene Fluoride Films". Kernchemie, FB 14, Phillips-Universität D-3550 Marburg, FR of Germany

/48/ Kluge, W.: "Herstellung und Bereitstellung von ultrareinem Wasser", in: Productronic 3, 1988

/49/ Pall, D. B., u. a.: "Particle Retention by Bacteria Retentive Membrane Filters", in: Colloids and Surfaces 1, 1980: 235

/50/ Krygier, V.: "Rating of Fine Membrane Filters Used in the Semiconductor Industry", in: Microcontamination, December 1986

/51/ Goldsmith, S. H., Grundelman, G. P.: "Particulate Control in Liquid Streams", in: Solid State Technology, May 1985

/52/ Craven, R. A., u. a.: "High Purity Water Technology for Silicon Wafer Cleaning in VLSI Production", in: Microcontamination, November 1986

/53/ Gehringer, C.: "Werkstoffauswahl in der Reinraumtechnik", Vortrag anläßlich des Lehrganges "Reinraumtechnik B" an der Technischen Akademie Eßlingen, 28.04.1987

/54/ Jessen, U.: "Partikelmessung in Flüssigkeiten", in: Produktronic 4, 5 und 9, 1987

/55/ Bakale, D. K., Bryson, C. E.: "Surface Analysis: Detection and Measurement of Microcontaminants", in: Microcontamination, October/November 1983

/56/ Nuclepore Corporation, 7035 Commerce Circle, Pleasanton, CA 94 566 - 3294, U.S.A.

/57/ Simonetti, J. A., u. a.: "Membrane Testing, A Review of Latex Sphere Retention Work: Its Application to Membrane Pore Size Rating", in: Ultrapure Water, July/August 1986

/58/ Mie, G.: "Beiträge zur optik trüber Medien, speziell kolloidaler Metallösungen", in: Annalen der Physik, 4. folge, Band 25, Nr. 3, 1908

/59/ Horiba Ltd., Miganohigashi Kisshioni Minomi-ku, Kyoto, Japan

/60/ Peacock, S. L.: "Quantitative Count Calibration of Light Scattering Particle Counters", in: The Journal of Environmental Science, July/August 1986

/61/ Dillenbeck, K.: "Advances in Particle Counting Techniques for Semiconductor Process Chemicals", in: Microcontamination, February 1987

/62/ Fisher, D. H.: "Limitations of Vacuum Sampling Techniques for Counting Particles in Liquids", in: Microcontamination, February 1987

/63/ Grant, D. C., u. a.: "Shedding Characteristics of Filters in Liquids", in: Microcontamination, July 1987

- 121 -

/64/ Flindt, E.: "Neue Ergebnisse mit Filtersystemen zur Reduzierung der Partikelabgabe". Vortrag anläßlich des CONCEPT-Symposiums "Gase und Flüssigkeiten in der Reinraumtechnik", Frankfurt a. M. 24./25.11.1986

/65/ Lin, B. Y. H., Ahn, K.: "Particle Deposition on Semiconductor Wafers", in: Aerosol Science and Technology 6, 1987: 215 - 224

/66/ Blitshteyn, M., Martinez, A. M.: "Electrostatic-Charge Generation on Wafer Surfaces and its Effect on Particulate Deposition", in: Microcontamination, Nov. 1986

/67/ Zogg, M.: <u>Einführung in die Mechanische Verfahrenstechnik</u>. B. G. Teubner, Stuttgart 1987

/68/ Johnson, D. W.: "Evaluating Low Particulate Chemicals", in: Semiconductor International, April 1985

/69/ Bansal, I. K.: "Particle Contamination During Chemical Cleaning and Photoresist Stripping of Silicon Wafers", in: Microcontamination, August/September 1984

/70/ Bansal, I.: "Autodoping and Particulate Contaminations during Pre-Diffusion Chemical Cleaning of Silicon Wafers", in: Solid State Technology, July 1986

/71/ Kern, W.: "Cleaning Solutions Based on Hydrogen Peroxide for Use in Silicon Semiconductor Technology", in: Engineering, Technology and Applied Sciences, Vol. 6, No. 10, March 1983

/72/ Burkmann, D.: "Optimizing the Cleaning Procedure for Silicon Wafers Prior to High Temperature Operations", in: Semiconductor International, Vol. 4, No. 7, 1981

/73/ Tolliver, L.: "Domestic and International Issues in Contamination Control Technologies", in: Microcontamination, February 1988

/74/ Stowers, I. F.: "Advances in Cleaning Metal and Glass Surfaces to Micron-level Cleanliness", in: J. Vac. Sci. Technol., 15 (2) March/April 1978

/75/ Warnecke, H.J.; Herz, R.: "Investigation of Particle Generation in Liquid Supply Systems", in: Solid State Technology, Oktober 1988

/76/ Zierep, J.: Grundzüge der Strömungslehre, G. Braun Karlsruhe, 1979

/77/ Truckenbrodt, E.: Strömungsmechanik, Springer-Verlag, Berlin Heidelberg New York, 1968

/78/ Schlichting, H.: Grenzschichttheorie, Verlag G. Braun, Karlsruhe, 1958

/79/ Eppler, R.: Strömungsmechanik, Akademische Verlagsgesellschaft, Wiesbaden, 1975

/80/ Egbert, J.: Lehrbuch der physikalischen Chemie, 8. Auflage, S. Hirzel Verlag, Stuttgart, 1960

/81/ Saechtling, H.: Kunststoff-Taschenbuch, 21. Ausgabe, Carl Hanser Verlag, München Wien, 1979

/82/ Roß, D.: "Kunststoffe in der Halbleiterfertigung", Vortrag anläßlich der Fachtagung "PVDF - ein Werkstoff höchster Reinheit". Würzburg, 10. und 11.05.1988

/83/ Tolliver, D. L.: "Changing Factors of Process Chemicals", in: Semiconductor International, July 1984

/84/ Gail, L.: "Gase und Flüssigkeiten als reinraumtechnische Kontaminationsfaktoren". Vortrag anläßlich des CONCEPT-Symposiums "Gase und Flüssigkeiten in der Reinraumtechnik", Frankfurt a. M., 24. und 25. November 1986

/85/ Van der Wood, T. B.: "Identification of Particulate Contaminants in IC Manufacture", in: Solid State Technology, August 1985

/86/ Warnecke, H.J.; Herz, R.; Ernst, C.: "Messung der Partikelkontamination in flüssigen Prozeßmedien für die Halbleiterfertigung", in: Werkstattstechnik 78 März 1988

/87/ Lilienberg, P.: "Optical Detection of Particle Contamination on Surfaces: A Review", in: Aerosol Science and Technology, 5 - 68: 145 - 165

/88/ Herz. R., u. a.: "Defekt-Detektion auf unstrukturierten Wafern in der Halbleiterfertigung", in: Produktronic 9, 10 und 11, 1987

/89/ Broßmann, R.: Die Lichtstreuung an kleinen Teilchen als Grundlage einer Teilchengrößenbestimmung, Dissertation, TH Karlsruhe, 1966

/90/ Sachs, L.: Angewandte Statistik, Anwendung statistischer Methoden. 6. Auflage, Springer Verlag, Berlin, Heidelberg, New York, Tokyo 1984

/91/ John, B.: Statistische Verfahren für Technische Meßreihen, Carl Hanser Verlag, München Wien, 1979

/92/ Van der Wood, T. B.: "Identification of Particulate Contaminants in IC Manufacturing", in: Solid State Technology, August 1985

/93/ Barnard, L.: "Using Particle Analysis to Solve Microcontamination Problems", in: Microcontamination, August 1987

/94/ Serva Feinbiochemica GmbH & Co, Carl-Benz-Str. 7, 6900 Heidelberg 1

/95/ Herz, R.: "Partikelmessung in Versorgungssystemen", Vortrag anläßlich des VDI-Seminars "Fertigung unter Reinraumbedingungen", November 1988

/96/ Schraft, R.-D.; Schmutz, W.; Herz, R.; v. Kahlden, T.: "Evaluation of Semiconductor Manufacturing Equipment with Respect to Particle Generation", Vortrag anläßlich des 9th ICCCS-Symposium, Los Angeles, September 1988

/97/ "FED-STD-209D, Clean Room and Work Station Requirements, Controlled Environments, June 15, 1988", in: The Journal of Environmental Sciences, Sept./Oct. 1988

IPA Forschung und Praxis

Schriftenreihe aus dem Institut für Produktionstechnik und
Automatisierung, Stuttgart

Herausgeber: Prof. Dr.-Ing. H. J. Warnecke

Stufenweise Ableitung eines praktischen Planungssystems für den Entwicklungsbereich
Von R. Hichert. ISBN 3-7830-0149-8.
1978, 151 Seiten, kartoniert.   52,— DM

Produktionsplanung mit Auftragsfamilien
Von U. W. Geitner. ISBN 3-7830-0161.7.
1979, 110 Seiten, kartoniert.   45,— DM

Thermisch-chemisches Entgraten
Von T. Wagner. ISBN 3-7830-0164-1.
1979, 111 Seiten, kartoniert.   45,— DM

Untersuchung der Materialflußkosten bei ausgewählten Systemen der Zentralen Arbeitsverteilung
Von R. Wenzel. ISBN 3-7830-0162-5.
1979, 168 Seiten, kartoniert.   86,— DM

Anpassung und Einführung eines Planungssystems für die Ablaufplanung im Konstruktionsbereich
Von W. Dangelmaier. ISBN 3-7830-0163-3.
1979, 168 Seiten, kartoniert.   80,— DM

Längenmessungen an bewegten Teilen mit berührungslos wirkenden Aufnehmern
Von H. Lang. ISBN 3-7830-0157-9
1979, 89 Seiten, kartoniert.   42,— DM

Untersuchung multistabiler Strömungselemente und ihr Einsatz in sequentiellen Steuerungen
Von A. Ernst. ISBN 3-7830-0157-9.
1979, 122 Seiten, kartoniert.   48,— DM

Taktile Sensoren für programmierbare Handhabungsgeräte
Von M. Schweizer. ISBN 3-7830-0158-7.
1979, 91 Seiten, kartoniert.   42,— DM

Die rechnerunterstützte Prüfplanung
Von P. Blasing. ISBN 3-7830-0152-8.
1979, 100 Seiten, kartoniert.   44,— DM

Verfahren zur Fabrikplanung im Mensch-Rechner-Dialog am Bildschirm
Von W. Ernst. ISBN 3-7830-0156-0.
1979, 218 Seiten, kartoniert.   72,— DM

Rechnerunterstütztes Verfahren zur Leistungsabstimmung von Mehrmodell-Montagesystemen
Von M. Gorke. ISBN 3-7830-0155-2.
1979, 139 Seiten, kartoniert.   50,— DM

Standortbezogene Betriebsmittel
Von G. Pflieger. ISBN 3-7830-0167-6.
1979, 127 Seiten, kartoniert.   52,— DM

Die betriebswirtschaftliche Beurteilung neuer Arbeitsformen
Von B.-H. Zippe. ISBN 3-7830-0168-4.
1979, 350 Seiten, kartoniert.   98,— DM

Untersuchung des Arbeitsverhaltens programmierbarer Handhabungsgeräte
Von B. Brodbeck. ISBN 3-7830-0169-2.
1979, 117 Seiten, kartoniert.   48,— DM

Untersuchung eines kohärent-optischen Verfahrens zur Rauheitsmessung
Von N. Rau. ISBN 3-7830-0174-9.
1979, 117 Seiten, kartoniert.   48,— DM

Entwicklung einer programmierbaren, pneumatischen Steuerung
Von D. Klemenz. ISBN 3-7830-0171-4.
1979, 93 Seiten, kartoniert.   42,— DM

IPA Forschung und Praxis

Berichte aus dem Fraunhofer-Institut für Produktionstechnik und Automatisierung, Stuttgart, und dem Institut für Industrielle Fertigung und Fabrikbetrieb der Universität Stuttgart

Herausgeber: Prof. Dr.-Ing. H. J. Warnecke

IPA-IAO Forschung und Praxis

Berichte aus dem Fraunhofer-Institut für Produktionstechnik und
Automatisierung (IPA), Stuttgart, Fraunhofer-Institut für Arbeitswirtschaft
und Organisation (IAO), Stuttgart, und Institut für Industrielle Fertigung
und Fabrikbetrieb der Universität Stuttgart

Herausgeber: Prof. Dr.-Ing. H. J. Warnecke und Prof. Dr.-Ing. H.-J. Bullinger